中世纪厨房

一部食谱社会史

THE MEDIEVAL KITCHEN

A Social History with Recipes

[芬兰] 汉内莱·克莱梅蒂娜 Hannele Klemettilä／著

欧阳瑾／译

上海社会科学院出版社

作者简介

汉内莱・克莱梅蒂娜
Hannele Klemettilä

出生于 1966 年。芬兰历史学家、作家。她在图尔库大学（University of Turku）学习文化史，在莱顿大学（University of Leiden）获得中世纪历史学博士学位。她的研究领域包括中世纪晚期的刑罚文化、中世纪的象征体系、中世纪对待动物和自然的态度等。已出版作品包括《邪恶的象征：中世纪晚期法国北部和低地国家的刽子手代表》（*Epitomes of Evil: Representations of Executioners in Northern France and the Low Countries in the Late Middle Ages*）、《中世纪晚期的动物和猎人》（*Animals and Hunters in the Late Middle Ages*）等。

译者简介

欧阳瑾

1972 年生人，毕业于北京语言大学。热爱并多年从事翻译工作，已单独翻译或与人合译了多部作品，包括《重压下的优雅——海明威中短篇小说精选》（湖南文艺出版社）、《沉思录》（石油工业出版社）、《瓦尔登湖》(二十一世纪出版社)、《拯救不列颠》(上海人民出版社)、《我的非洲之旅》(上海社会科学院出版社)、《中世纪的女巫》（上海社会科学院出版社）等译著。

目录

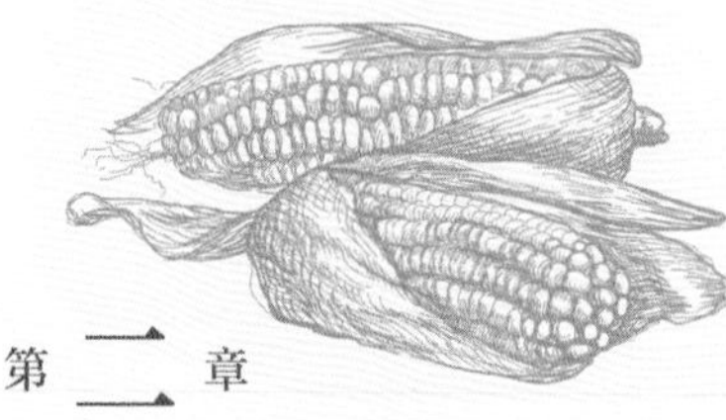

前 言

PREFACE

中世纪的烹饪艺术，正在成为当今的一大时尚。在英国上下和欧洲的其他地区，人们纷纷举办中世纪风格的盛宴；论述这一主题的新书与研究成果，也如雨后春笋一般不断涌现出来。但即便如此，今人对中世纪饮食文化存有的种种误解，却依然惊人得根深蒂固。人们普遍想当然地认为，中世纪的人每天所吃的，都是既不可口又不健康的食物，既缺乏多样性，又调味过度，简直让人无法忍受。据说，那时的下层民众吃的都是干巴巴的面包皮和蔬菜清汤，运气好的话，汤中或许还会漂着寥寥几块奇怪的固体；而且，只有年景最好，百姓没有因为饥饿和食物匮乏而变得羸弱枯瘦的时候，才会出现这种情况。据说，当时一到节日，人们就会暴饮暴食，吃到肚子都快撑破的程度。通常情况下，他们所吃的肉类不是变了质，就是咸得入不了口。

图 1 蒙佛拉侯爵夫人(Marquise of Montferrat)正在用各式鸡肉菜肴招待她的王室仰慕者、法国国王腓力二世·奥古斯都[②]。选自15世纪乔万尼·薄伽丘的《十日谈》。[③]

照今人的刻板印象来看，中世纪的贵族都是无所事事，整日在自家的城堡里放纵口腹之欲，大口享用红肉[①]，天天猛喝加了香料的烈酒，然后变得嗜酒如命，最终患上痛风，什么也干不了。连当时上层人士所吃的肉类，

① 红肉（red meat），指烹饪前呈红色的肉类，具体指猪肉、牛肉、羊肉、鹿肉、兔肉等。绝大部分哺乳动物的肉，都属于红肉。与之相对的则是“白肉”，指肌肉纤维细腻、脂肪含量较低、脂肪中不饱和脂肪酸含量较高的肉类，包括鸡、鸭、鹅、鱼、爬行动物、两栖动物、甲壳类动物等的肉。（如无特殊说明，本书脚注皆为译者注）

② 腓力二世·奥古斯都（Philip II Augustus，1165—1223），法国卡佩王朝第九位国王，路易七世的儿子，绰号“狐狸”，曾是1189年至1192年间第三次十字军东征的领袖之一。此人继位之后通过努力，让法国王权由弱变强，王室领地较以前扩大了三倍，也使法国向中央集权迈进了关键的一步。著名的卢浮宫就是在此人手里开始修建的。蒙佛拉侯爵夫人是意大利北部皮埃蒙特（Piedmont）蒙佛拉总督辖区的贵妇，其所属家族与法国国王及神圣罗马帝国皇帝之间素有关系。

③ 乔万尼·薄伽丘（Giovanni Boccaccio，1313—1375），意大利文艺复兴运动的代表兼人文主义作家，与诗人但丁、彼特拉克并称为佛罗伦萨文学“三杰”。其代表作《十日谈》(*The Decameron*)是欧洲文学史上第一部现实主义作品，它批判了宗教守旧思想，主张“幸福在人间”，被世人视为文艺复兴的宣言。

常常可能也已腐坏，因此人们才尽量用各种昂贵的香料，以掩盖肉类的腐臭味道。

据说，中世纪的食物除了品质低劣、毫无滋味或者味道过重以外，经常还辛辣刺鼻、松软烂糊，或者令人反感透顶。那时的烹饪方法，即便算不上古怪，也是相当简陋的。当时人们的就餐礼仪极其令人作呕；结果就是，尽管中世纪晚期的道学家们整理归纳出了一些礼仪原则与行为指南，他们却半途而废，而人们在就餐时的野蛮与粗俗之风也依旧盛行，毫无改观。

我撰写本书的目的，在于让当今读者了解中世纪时期的厨房，纠正所有的谬论，并且论述当时人们在食物方面盛行的习俗、态度和思想。本书的关注重心是中世纪的晚期（自 1300 年左右到 1550 年），因为从目前来看，这一时期与中世纪早期相比，给我们提供了更多与饮食文化相关的原始资料与信息。至于所涉地域，本书则是涵盖了整个欧洲。

书中所列的食谱，以及中世纪饮食文化的具体情况，都源自中世纪晚期的原始资料及最新的研究成果。中世纪饮食历史中具有关键性的原始资料都属于手稿；其中，既有烹饪书籍和食谱集子、菜肴清单、纳税记录、账簿账册、遗嘱、日记、编年史，也有各种各样的指南、百科全书和小说。在搜集中世纪下层社会饮食习惯方面的资料时，考古学是一门重要的学科，因为贫苦百姓的食谱通常都不会被记载下来。壁画、镶板绘画①、微型画作、木刻版画、挂毯和彩绘玻璃，也会为我们提供有用的信息。这些资料源都是相辅相成的，而我们把现有的资料归纳到一起也很重要，因为有的时候，书面资料可能导致我们得出的结论与基于考古发现所得的结论完全不同。

中世纪的烹饪书籍和食谱，现代读者很难看懂，因为原稿中通常没有标点符号，词句也是连篇累牍，堆砌在一起。其中的菜谱并非总是根据菜名来确定，烹饪说明也有可能简短而不详细，或者含糊不清。并不是每个烹饪过程都被记录了下来，比如和面与面包烘焙的过程就很少有人加以描

---

① 镶板绘画（panel painting），指在平滑木板上绘制而成的油画，可由一块或几块拼成。在 16 世纪画布变成西方普遍使用的绘画载体之前，它是人类绘画时的常见载体。亦称“板面油画”“面板绘画”等。

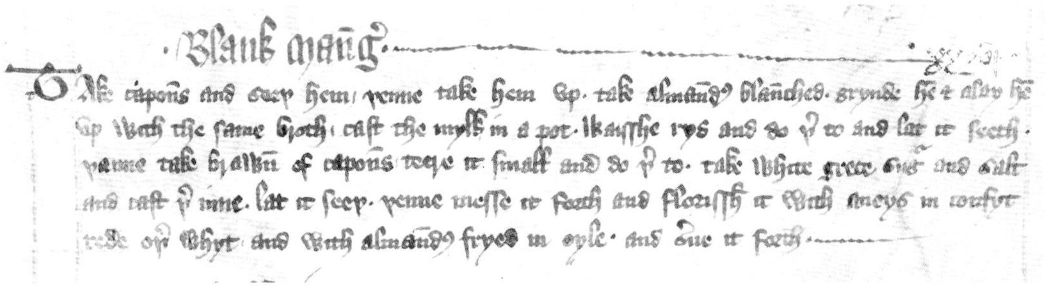

述。食材数量、烹制时间、油温、火温等方面，同样经常被遗漏；在很多情况下，书中都只有像“比较随意”“一点儿”“按需”或者“按口味”这样的参考说明。一般说来，食材都要煮熟，或者煮到差不多熟的程度。中世纪是一个口头交流的时代；这个简单的事实，就说明了当时的烹饪书籍与食谱不够准确的原因。

因此，在绝大多数情况下，如今研究中世纪食品的史学家都必须亲自尝试，去推断所需的食材份量、烹饪时间和温度火候。在本书的食谱部分，我已竭尽所知，对中世纪的烹饪指南加以解释，同时也考虑到了当今家庭厨房的需求。中世纪的厨师会用鲟鱼鱼鳔，会用碾槌杵捣，或者用筛子反复过滤混合物，而我则是毫不犹豫地建议读者可以使用吉利丁片或者电动搅拌器，从而让食品烹制变得更加方便。在几个与食谱配料有关的例子当中，就食材数量和烹饪方法提出建议时，我觉得最好是稍异于同行研究人员在尝试同一原始食谱时推荐的数量与方法。我会鼓励读者充分利

图 2

“奶冻”[①]的食谱，这道菜肴由牛奶、大米、杏仁、碎肉和糖混合而成。选自《烹饪之法》（*Forme of Cury*），它是英国历史最悠久的一部烹饪手稿，由理查二世[②]宫廷中的数位御用烹饪大师于 1390 年左右编纂而成。这部手稿中含有 196 份食谱。“Cury”一词属于中古英语，意指“烹饪”。

① 奶冻（Blank Mang），源自法语中的“白色食物”（white food），亦拼作“Blanc Mang”，并且最终演变成了深受如今英国人喜爱的甜食布丁“牛奶冻”（blancmange）。

② 理查二世（Richard II，1367—1400），英国金雀花王朝的最后一位国王。

用自己过去的烹饪经验和常识，并且根据个人的口味偏好来烹制，尤其是在定夺调料多少的时候。《中世纪厨房》里列出的食谱，旨在让您大快朵颐的同时，也能愉悦您的感官！

图 3

法国北部沙特尔大教堂“浪子窗”（Prodigal Son Window）的窗画（作于 1214 年左右）中，描绘了准备盛宴时的场景。[①]

① 这幅窗画是根据耶稣所讲的一个寓言故事《浪子回头》创作而成的。故事见于《圣经·新约·路加福音》，内容如下：一个年轻人从父亲那里得到一部分财产后就离家而去，胡作非为、花天酒地，很快耗尽了钱财，又遭遇了天灾和饥荒，只能回家去向父亲悔罪，父亲重新接纳了他，说他是死而复活、失而复得。历史上有很多画家都曾以此为题材进行过创作。沙特尔大教堂全称“沙特尔圣母大教堂”（La Cathédrale Notre-Dame de Chartres），位于法国厄尔—卢瓦尔省省会沙特尔市的山丘上，始建于 1145 年，是一座著名的天主教教堂，也是 12 世纪法国建筑史上的经典杰作，尤以面积达 2 000 平方米的彩绘玻璃窗户而闻名。

第　一　章

美食天堂

AN EPICURIAN PARADISE

在中世纪，整个社会都极其重视美食；不论是王侯将相所在的宫廷，还是地位低下的家庭，都是如此。就连日常所吃的食物，人们也希望尽可能做到口味十足、种类多样，并且精益求精；所以，中世纪就是一个名副其实的美食天堂[①]。

当时，欧洲的社会结构可谓等级森严，人们所吃的食物就暴露出了普遍存在的阶级差异，甚至是凸显了这些差异。下层民众的饮食，以蔬菜、谷物和乳制品为基础；这些东西在贫困家庭里明显要比在上层社会中更为常见。豆类和谷物，满足了穷人对蛋白质的大部分需求；肉类和蛋类，则为富人提供了一种富含动物蛋白的饮食。一般而言，当时人们的日常所食都是由季节性的收成决定的，即由某些食品的供应情况所决定，并且会根据节庆传统、医学和教会的指示进行调整。

图 4

这幅田园牧歌式的风景画，见于贝里公爵约翰那部成书时间可以追溯至 1416 年的《时令之书》[②]，描绘了人们在普瓦捷城堡外收割谷物时的场景。然而，当时的收成其实绝不是始终都有如此之好。到了中世纪末期，欧洲各地普遍时局艰难和动荡不安。气候变冷导致收成减少，因而农作物的产量无法再满足不断增长的人口所需。武装冲突此起彼伏，加剧了经济困难，而贵族对手下臣民所征的苛捐杂税，也比以往更加沉重。富裕地主能靠他们储备的大量面粉与面包生活，而普通农民则只能靠野菜和其他替代性食物来维持生存。

① 原文为“An Epicurian Paradise”，直译为“伊比鸠鲁式的天堂”。伊比鸠鲁（Epicurus，公元前 341—前 270），古希腊一位杰出的唯物主义哲学家和无神论者兼“伊比鸠鲁学派”的创始人，其学说提倡达到不受干扰的宁静状态，并且要学会快乐，认为快乐是善，说“一切善的根源都是口腹的快乐，哪怕是智慧与文化也必须推源于此”。尽管此人的“快乐”并非纯粹和毫无节制的享乐，但其名称最终却变成了享乐主义的代名词，尤指美酒佳肴等口腹之乐。

② 贝里公爵约翰（John, Duke of Berry，1340—1416），法国贵族，法国国王约翰二世（John II）的第三子和查理五世（Charles V）的弟弟，以收藏彩绘手稿与其他一些艺术品而著称，曾委托当时一些插图画家绘制了著名的《时令之书》（*Book of Hours*，又名 *Très Riches Heures*）。此书按照月份编排，展现了当时人们的生活、劳作、习俗等方面的情况。贝里公爵也是普瓦捷（Poitiers）伯爵。

97.

Confabulatio
Das Gespräch

Confabulatio Nā est una cum sompni Elc quiescens nē nolentis dormire p

至于平时，其实每个阶层的人都很容易吃到可口与健康的饭菜；中世纪的一个农民，吃得其实也比地主差不了多少。但在中世纪末期，战争和歉收导致了饥荒，故贫富之间的差距加大了。年景不好的时候，富人还是吃得很好，可穷人的饮食情况却明显大不如前了。即便如此，中世纪晚期依然是一个具有高度精致的烹饪艺术的时代。名厨大师们变着法子，为贵族阶层举办的宴会呈上了一场又一场奢华无比的筵席，而资产阶级和普通民众在就餐饮食方面，同样也几乎没什么可抱怨的。

图 5

中世纪一部手稿中描绘的农家厨房。在北欧各国农家的日常饮食也很简朴，一般包括大麦和黑麦面包、稀粥、干鱼和腌肉。人们通常会用萝卜、卷心菜、蚕豆和洋葱一起烹制成炖菜。在特殊场合下，北欧农民也会享用野味、加肉的豆类菜品以及牛奶粥。

出身低微者与统治阶级的饮食

1493 年的文献资料中详细说明了替上巴伐利亚地区[①]的因德斯多夫修道院（Indersdorf Monastery）干活的工人的饮食情况。午餐时，他们吃的通常都是大麦面包、卷心菜和牛奶。如果工人干起活来很勤快，活儿也干得让人满意，镇长可能会发些水果、豆类和小米给他们吃，当然是手头有什么，就发什么。至于晚餐，工人吃的可能是牛奶粥或者卷心菜配牛奶。工人每周可吃上 3 次肉食，即星期天、星期二和星期四，吃的是猪肉炖卷心菜。

15 世纪的法国有一部广受欢迎的百科全书《牧人历》（*Kalender of Shepherdes*，法文原名 *Le grant kalendrier et compost des Bergiers*），其中列出了法国农民常吃的食物，包括炖鱼、炖鸡肉或兔肉、炖豆、猪肉炖豆、炖韭菜、球芽甘蓝、炖羊肉、羊腿、牛肉馅饼、炖内脏和奶酪馅饼，等等。据《牧人历》一书的匿名作者称，农民的饮食与上层社会的不同之处，主要就在于农民所吃的东西中，煎炸或烧烤的肉类及烘焙食品较少。

换言之就是说，在通常情况下，下层贵族的饮食与手下佣工的饮食之间，差异并不是特别显著。贵族阶层的餐桌之上，菜品的道数通常比较多；例如，巴伐利亚厄廷根的约阿希姆伯爵（Bavarian Count Joachim of

① 上巴伐利亚地区（Upper Bavaria），德国巴伐利亚州的 7 个行政区之一，首府为慕尼黑。

想象、文学与艺术作品中的美食

在中世纪晚期那种动荡不安的岁月里，下层民众比以往任何时候都更多地幻想起食物极大丰富的情况，同时他们还有一种害怕和迫在眉睫的危险感。潜藏在人们内心深处的，是生活中普遍存在的不安全感，加上对贫困、致命性瘟疫与传染病的恐惧感，以及教会出于维护其权威而采取的日益变本加厉的措施。饥荒袭来之后，许多人都幻想过“安乐乡”①；它是一个富足之地，那里的人整天都在纵情享宴。

在中世纪的通俗文化里，人们对于饮食这个主题，就像对待人类的其他生理功能一样，常常都会详加论述。有些面向大众、具有教化功能的“神秘剧”②不太赞同这种做法，所以剧中会插入一些关于食物的笑话，以及其他一些易被大众理解的类似主题；比如说，在殉难场景中，残忍的异教徒刽子手会把受刑者比作肉丸、香肠和其他食物，而他们的对话中也充斥着陈词滥调，以及带有令人毛骨悚然、面临大难时的那种幽默感的厨房术语。

在贵族的文学性虚构作品和美术作品当中，饮食占有极其重要的地位；其中的食物和食物所代表的一切，都具有界定人与人之间的关系及纽带的作用。比如说，共同用餐表达了友谊。一个人的财富与社会地

---

① 安乐乡（Cockaigne），中世纪神话故事中的一个富足之地，后来变成了伦敦及其近郊的别称。亦音译为“考克涅”。

② 神秘剧（mystery play），欧洲中世纪一种带有宗教色彩、旨在进行宗教教化的戏剧，其题材大多取自《圣经》中的故事，最初是用拉丁语表演，后来逐渐改用方言表演，变成了欧洲三大地方戏剧之一（其他两种分别为“奇迹剧”和“道德剧”）。亦称“圣史剧”。

位（富有还是贫穷）或者道德品行（虔诚还是堕落），也会通过此人所吃的食物体现出来。

至于表演艺术当中，在很多场合下，贪婪的暴饮暴食者都会被冠以滑稽而暴露其本性的名字，比如说“弗里昂”（Friant）或“饕餮客”（Gourmand）、“皮柯拉尔顿”（Picolardon）或“肉食者”（Fat Eater），或者“孟鸠马提”（Menjumatin），即从早到晚都吃个不停的人。那些饮酒过多的人也有相应的名字，比如“蒂尔维恩”（Tirevin），即“牛饮者”（Wine Swigger）。

有些作品的目的完全在于解决过度沉溺于吃喝或者一心禁食导致的困境。比如说，尼古拉斯·德·拉·切斯纳耶[①]有一部道德剧，叫作《审判盛宴》（*The Condemnation of Banquets*，法文原名 *Condemnation des banquets*，约 1507），剧中残酷无情的刽子手“迪耶”按照女法官“经验夫人”（Madame Expérience）的命令，绞死了主角“邦凯”。[②]这部舞台剧对暴饮暴食进行了评判，只不过用的是一种相当模糊和讽刺的方式罢了。

---

① 尼古拉斯·德·拉·切斯纳耶（Nicholas de la Chesnaye，生卒年不详），法国 16 世纪的道德剧与闹剧作家。

② 此处的人名都带有双关性。“迪耶”（Diet）本义指“饮食”，“邦凯”（Banquet）本义指“宴会”。

Oettingen，此人去世于1520年）的主桌上，正餐有8道菜，晚餐则有6道菜。仆人们可以选择的菜肴较为有限，只有三四道，因为米饭和一些肉菜不会给他们吃。

一般来说，中世纪的人每天只吃两顿饭，因为当时的道学家和医生都提倡这样做。他们警告人们不要多餐，因为他们认为每日多餐既不健康，也会招来罪过。更重要的一点，那就是人类应当有别于整天都在进食的牲畜。

在中世纪早期，“正餐”是中午时吃，“晚餐”则放在黄昏时分。正餐是一天当中的主餐；晚餐的膳食则一直较为清淡，菜肴种类较少，也比较简单。随着时间的推移，上层人士就餐时所用的餐具开始变得日益精致起来，而正餐时间也推迟到了正午过后。于是，晚餐就可以到晚上七八点再吃了，只是晚餐仍然没有正餐那样复杂。当时的人都认为早餐是多余的，而根据某些学者的观点，吃早餐也是不合适的，身体健壮的人尤其不宜。如今我们对中世纪的人吃早餐的具体情况几乎一无所知，但他们也有可能会吃上一片面包，喝上一点儿兑了水的葡萄酒。在上床就寝之前，当时的人可能会喝上一点儿“加香葡萄酒”（spiced wine）；比如说，在15世纪的萨伏依[1]宫廷里，这种做法就很常见。

节日里的暴饮暴食

中世纪的情况跟如今一样，吃好喝足也是当时人们庆祝一个特殊日子时的重要一环。富人更有可能庆祝所有的规定节日，但其他人只要有机会，也会聚集一堂，举办喜宴，比如孩子出生、洗礼、订婚、婚礼和葬礼等家庭宴会，而在圣日和宗教节日里也是如此。除此以外，下层民众还会庆祝

① 萨伏依（Savoy），法国东南部与意大利西北部之间的一个历史地区和公国，从11世纪起就成了神圣罗马帝国的领土。在1946年意大利共和国建立之前，萨伏依王朝一直统治着意大利王国。

塔林[1]市府举办的一场宴会

比如说，1405 年塔林市府举办的一场宴会上，人们吃的都是些什么东西呢？看一看记载当时情况的史料我们就会发现，其中既有生姜、胡椒、番红花、天堂椒[2]、肉桂和小豆蔻等异国调料，也有白糖、食盐、葡萄干和米饭。史料中还提到了肉菜，比如烤猪肉、腌牛肉、猪蹄、羊肉、禽肉、火腿、口条、意式生熏软香肠、白布丁[3]和鹅肉，鱼类名单中则列有新鲜的梭子鱼、波罗的海鲱鱼、鲈鱼和什锦腌鱼。史料表明，宴会上还有各式各样的面包，以及黄油、洋葱、醋、芥末、欧芹、大蒜、苹果、蜂蜜和鸡蛋。

1515 年举办的一场正式宴会，曾购买了烘焙食物所需的豆蔻粉和其他调料。宴会上的肉类菜肴，包括烤牛肉、羊肉、小鸡肉、阉鸡肉、火腿、口条和生熏软香肠。鱼类菜肴中，包括新鲜的多帕特（即塔尔图[4]）梭子鱼和鲷鱼，以及各种各样的腌鱼。参加这次宴会的宾朋，还享用了各式各样的面包、蛋糕、奶酪、黄油、培根、苹果、梨子、榛子和核桃。

据记载，早在 1482 年，塔林市政厅举办的宴会上就开始有啤酒喝了。16 世纪早期以来的账簿中，提到过各种类型的淡啤酒和浓啤酒、蜂蜜酒和苹果酒，偶尔还有莱茵河流域出产的葡萄酒。

---

① 塔林（Tallinn），今爱沙尼亚（Estonia）共和国的首都，位于该国北部，濒临波罗的海。

② 天堂椒（grains of paradise），原产于非洲摩洛哥的一种姜科植物的种子，带有胡椒味，被用作调料。亦译“天堂谷”“极乐谷”“天堂籽”“摩洛哥豆蔻”等。

③ 白布丁（white pudding），一种不含猪血，仅由肉类和脂肪制作而成的香肠。与之相对的则是“黑布丁”（black pudding）。

④ 多帕特（Dorpat），即塔尔图（Tartu），今爱沙尼亚的第二大城市。

与他们自身的工作、屠宰、收获相关的节日。据说，在重要的圣徒纪念日里，地主和富裕的中产阶层还会向穷人施舍饭菜。

举办社交聚会的人越是富有，社会地位越高，宴会餐桌上的饭菜就会越讲究、越丰富和越多样。当时，在膳食方面出现任何的奢靡做法，都有可能招来尖锐的批评；可对于特殊节庆场合中出现的暴饮暴食之举，人们通常都是宽容待之。他们只是想当然地认为，奢侈程度应当与贵族的社会地位保持一致。他们认为，吝啬的行为很不体面，或者有失身份。一方面，盛情款待是基督徒好客之道中的必要之举，是友谊和兄弟之情的象征；另一方面，这也是进一步维护个人世俗权威的一种手段，是富有、权势的体现，是权利与义务施加于宴会主人身上，使之对客人负有责任的体现。用食物周济穷人与贫困者，是基督徒的七大美德之一；因此，士绅阶层就会把餐桌上留下的残羹剩炙施舍给穷人。同样，士绅家庭中的仆役，也会吃到节庆盛宴上剩下的饭菜。

中世纪晚期，欧洲曾经针对盛行的奢靡之风制定过律法，目的之一就在于遏制过度膨胀的食品开支。这些禁奢法令，在意大利北部和中部的一些城邦里尤其盛行。1460 年，威尼斯元老院（Venetian Senate）曾经下令，禁止举办人均花费达半个达克特[①]以上的正式晚宴。14 世纪初的佛罗伦萨（Florence）周围地区，每餐禁止超过 3 道菜。政府还实施了一些举措，限制参加宴会的人数。这些律法在实施的同时，也尽力指出了不同的社会群体适宜吃哪些食物。当时的公民个人与整个国家的经济状况，也很重要。然而在实践当中，这些禁奢法令几乎没有产生什么效果，经常被人们忽视和违反。

上流社会的正式待客菜肴

如今我们能够找到的、说明中世纪上流社会人士社交生活情况的史料，

① 达克特（ducat），旧时欧洲各种金币和银币的通用名，尤指意大利与荷兰两国所用的金币。

都描述了壮观的场景，并且描述得极其详细，这会激发出我们的想象力，让我们悠然神往。当时的贵族或者王室成员举办宴会时，出席的宾客都是按照级别高低就座。一张张呈U形摆放的有角餐桌上，铺着白色的亚麻桌布。参加宴会的人都沿餐桌的外侧落座，使得仆人们可以在中间区域顺利地服侍和上菜。这种安排，也让与宴者很容易跟上宴会的进度。中间的那张餐桌有时称为主桌，并且很可能设在一个凸起的平台上。主桌是宴会主人及其贵宾专用的。这张餐桌的后面，悬挂着一块节庆所用的盖布，既凸显了贵宾的地位，同时又不让他们受到风吹。酒水都放在中央主桌附近的一张餐桌上，负责上酒的仆人则是从主桌开始，依次斟酒。此人可能负责操作一台自动斟酒器，并更换斟酒器中的酒水。假如主人位高权重，主人身边还会候有一名试菜员，随时供主人调遣。凡是供王室成员享用的食物，都要由试菜员先行试吃，看有没有毒。切肉人（通常都由上层社会的一位绅士担任）负责监督主桌的切肉情况。至于主桌周围的桌子上，客人们都是自己切肉。切肉的手法，是当时贵族教育中的组成部分。

餐前祷告之后，身穿主人家族颜色制服的仆人就会端着属于第一道菜的各色菜肴，鱼贯而入。每道菜品的名称，都会大声喊出来。每张桌子上都放有一块大圆面包，作用就像一个餐盘，供客人取食所用；面包可能放在一个木盘或者金属盘子上，若是金属盘子，一般就是银盘或金盘。每位客人都有自己的汤匙，用于喝汤、盛酱，还有一把餐刀，用于切割固体食物。至于地位较高的客人，他们都有专门预留的饭菜，分量比地位较低的客人更多，质量也更好。在所有客人享用相同食物的宴会上，食物分量可能会按照地位高低来进行分配。只有那些最显贵的客人，才能让仆人直接将食物盛放到他们的盘子里。其他席位上的客人，则会从同一个盘子里自行取用食物。由于参加宴会的客人共用饭碗、酒杯和餐盘，故彼此体谅、相互有礼这一点极其重要。

上层人士举办的宴会都有好几道菜接连上桌。最常见的情况是3道菜；然而也有例外，比如说在萨伏依宫廷中，即便是正式的宴会，可能也只上两道菜。另一方面，在意大利，宴会上的菜品却有可能多达8道或者12道。每道菜中，可能都含有数十款不同的菜肴，同时端上桌来。没有哪位客人能吃到所有的菜肴，但每位参加宴会的人只要吃到了自己伸手够得着的那些菜肴，就会心满意足。食物的分量与菜品的道数，在很大程度上反映了主人的富裕和地位，菜肴的质量与特色也是如此。

一顿节日大餐通常都以享用甜品开始：先上桌的是甜饼、蜜饯、糖果和甜味葡萄酒，目的是激发食欲。第一道正菜通常都由汤与馅饼组成，第三道则是清理味觉的果冻类食品。在士绅们的餐桌上，每道正菜及其配菜都会形成一种经过了精心计划和安排的整体效果。连续上桌的正菜，烹饪方法不一定非得有所不同，但最好不要连续两次端上基本食材相同、只是

图 6

贝里公爵约翰的宫廷里举办的一场正式宴会。此人是法国国王查理五世的弟弟，也是一位著名的艺术资助者。贝里公爵手下有200名仆人，他非常喜欢举办精心准备的晚宴。据编年史作者奥利维尔·德·拉·马谢（Olivier de la Marche）称，在勃艮第公爵“大胆的查理”（Charles the Bold）的宫廷里，用餐时的场景有如演出一部宏大而庄严的舞台剧，有无数仆人提供复杂的用餐服务，连平时也是如此。整个宫廷里的人都在一个个大厅里用餐，10人为一组，座位则是根据各人的等级与地位精心安排的。

样式稍有变化的菜品。在菜单安排方面经验丰富的人，会非常注意肉类正菜的象征意义，以及它们在重要性方面的次序。节日大餐中的高潮，通常都是烤肉上桌的时候；整顿大餐的菜单，就是围绕烤肉这道菜设计出来的。肉类是人类最重要的一种食物，任何时候都在菜肴中占据着主导地位，只有斋戒日除外。

最后的几道正菜，则会圆满结束一顿大餐。这几道菜并不属于大餐饭菜的组成部分。所谓的“甜点”（dessert），顾名思义，就说明这顿大餐即将结束（它是 16 世纪中叶法语中“*desservir*”一词的过去分词形式，意指“收拾餐桌”）。甜点由一款或数款甜食组成。接下来，就是“餐后酒”（*issue de table*）时间，客人们会喝点儿加香葡萄酒，品尝一些清淡的点心、蛋糕、蜜饯和坚果。最后就是所谓的“离席甜点”（*boute-hors*），通常都在另一个房间里享用，是由香料与糖果组成。换言之，宴会以甜品开始，同样也是以甜品结束。

总体而言，普通百姓的庆祝方式基本上与此相同，只是在平常百姓的筵席之上，菜品和菜式较少，并且完全没有什么开胃甜品、甜点和餐后酒水罢了。最贫困的家庭里，有一个菜就可以凑合了；在条件允许的情况下，这个菜是由肉或鱼配蔬菜烹制成的。

有些节庆聚餐处在斋戒期内；于是，人们将他们最喜欢吃的肉类菜肴加以变化，以便遵守斋戒。上层人士所吃的这些替代性菜品，常常与正常情况下烹制的美味佳肴一样诱人，一样令人印象深刻。斋戒期间烹制的食物，还会因为增加了调料和水果的用量而变得更加光彩夺目。我们也都知道，上流人士会规避各种规章制度；比如说，可以用鼠海豚肉和鲸肉来冒充鱼肉，海狸尾巴和某些水禽也可如此。斋戒期内举办的正式晚宴上，菜品的道数与上菜的顺序都不会有失规范；然而，在斋戒期内，人们对待菜肴的态度一般都是敷衍了事的。也就是说，斋戒及其规定的限制措施，反倒给中世纪烹饪艺术的发展带来了积极的影响，尤其是对鱼类的烹饪艺术产生了积极的影响。

客人带着自己的专用餐具（即一把汤匙和一把餐刀）前去赴宴，在当时是一种很常见的现象；不过，要到 14 世纪，汤匙才变成宴会上的常备

王室宴会上的席间菜点[①]

席间菜点的传统，起源于古罗马。起初，席间菜点的主要目的，在于填补两道正菜上桌之间那段间隙。它们还让就餐者在正儿八经的就餐过程中有了足够长久的休息时间，以便充分享受后续各道菜肴。到了15世纪初，这些用于转移注意力的席间菜点变得较为复杂起来，开始扮演一种日益重要的角色。它们的内容可以是寓言，可以是道德、宗教或者伪宗教主题，可以是人生的各个阶段、天象或者神话中的野兽。

常见的席间菜点中，包括展示复杂的食物成分和有奇幻色彩的食物，比如馅饼上有鸟儿飞下，或者用小馅饼制作的堡垒上飘着受邀客人的家族旗帜。其中可能有精心装饰过的蛋糕，就餐者即便将蛋糕切开，也会误以为酥皮内包着的是鱼肉；还有用银色的杏仁做成刺，看起来栩栩如生的刺猬和豪猪。烹制好了的动物，可以呈现出活着的模样，比如一头野猪正在啃食苹果。烤熟了的天鹅，会重新粘上羽毛，上面饰以银色和金色。许多节日大餐中最重要的时刻，就是端上一只宛如活着的孔雀：业已烤好的孔雀，全身再次披着漂亮的羽毛，用棍子支撑着，直立在一个餐盘中。人们可能还会把一丛浸泡过酒精的麦草放在孔雀口中，然后点燃，在端上桌时营造出孔雀正在喷火的奇幻之景。

15世纪曾在萨伏依宫廷中任职的大师奇卡尔[②]发明过一道席间菜点，那就是表面饰有孔雀羽毛的烤鹅。同样，人们也有可能用加了香草和调料的肉末，填进剥下来的兽皮里面。中世纪晚期那不勒斯的一部食谱集里，也提出了如何将一只鸽子做成两只的建议：将鸽皮剥下，裹以用奶酪、

---

① 席间菜点（entremets），源自古法语，本义指“上菜的间隙”，故在法国饮食史中指两道菜上桌间隙提供的小菜，起初只是一种精致的、带有娱乐性的菜肴，标志着一道正菜上完。它的形式多样，可以是简单的牛奶麦粥，也可以是精心制作出的城堡模型，以及营造出一派寓言般场景的食物模型。到了中世纪晚期，这种席间菜点几乎完全演变成了一种席间娱乐，形式也成了不可食用的装饰品，还包括节目表演。到了现代，“席间菜点”通常就仅指小甜点了。

② 大师奇卡尔（Maître Chiquart，生卒年不详），中世纪萨伏依大公阿曼德斯八世（Amadeus VIII）的御用主厨，著有法国第一部烹饪书《论烹饪》（*Du fait de cuisine*）。

鸡蛋、调料和葡萄干配制而成的混合物。将鸽子皮缝合起来，再把这只“新的”鸽子放入沸水中煮熟。接下来，烤制那只已经剥了皮的真鸽子，并在烤制中途裹上一层用面包屑做成的混合物，用蛋液上光。还可以把两种动物结合起来，创造出一道混合菜点。比如说，“半鸡”［half cock，即“乳猪鸡”（cokagrys 或 cokentrice）］就是众所周知的一道席间菜；它是一只阉鸡的上半身加上一头猪填充了食材的后半身烹制而成的。

让人产生错觉的食物，则是专为在斋戒期内举办的正式宴会设计的。其中，有法国家庭用书《巴黎主妇》（*Le Ménagier de Paris*）中装点成小牛肉模样的鲟鱼（即“假牛肉鲟鱼”，esturgeon contrefait de veau）；有英国烹饪书《烹饪之法》中用干果和杏仁糊制作而成、放在烤架上烧烤的仿造肉片（即“水果速成肉”，hasteletes of fruyt）；有食谱集《泰尔冯饮馔录》[①]中的仿奶酪馅饼。仿制奶酪通常都用杏仁乳与鱼汤做成，而仿制黄油则是用玫瑰水制成的。

勃艮第[②]宫廷里举办的宴会，尤以富有想象力的席间菜点而闻名。在某些节庆场合下，仆人们还会抬来一块硕大的馅饼，里面藏着一支由 12 个人组成的管弦乐队。在 1430 年为纪念葡萄牙的伊莎贝拉[③]王后而举办的一场宴会上，一只涂着蓝色镀金羊角的活羔羊竟然从一个巨大的馅饼里跳出来，巨人汉斯[④]则身裹兽皮，紧随其后。然后，巨人又开始和宫廷中的小丑德·欧夫人[⑤]扭打在一起，让受邀而来的宾客都高兴得哈哈大笑。

---

① 《泰尔冯饮馔录》（*Le Viandier de Taillevent*），是曾经担任过法国国王查理五世和查理六世（Charles VI）御用厨师的泰尔冯（Taillevent，本名 Guillaume Tirel，约 1310—1395）撰写的一部食谱，是法国最早的一部料理书。

② 勃艮第（Burgundy），西欧历史上的一个地区名，且各个历史时期所指各异，但多指除 17 世纪和 18 世纪法国的勃艮第省以外，还拥有其他广大领土的两个王国和一个公国，它地处汝拉山脉（Jura）和巴黎盆地东南端之间，包括莱茵河、塞纳河、卢瓦尔河和罗讷河之间的通道地区。

③ 葡萄牙的伊莎贝拉（Isabella of Portugal，1503—1539），葡萄牙的公主，神圣罗马帝国皇帝查理五世（Charles V）的皇后，同时也是德国、意大利、西班牙、那不勒斯和西西里的女王兼勃艮第公爵夫人。

④ 巨人汉斯（Hans the Giant），西欧童话故事里的人物，心地善良。

⑤ 德·欧夫人（Madame d’Or，生卒年不详），法国的一位小丑，编年史作家圣雷米（St. Remy）称她“极其疯狂而优雅”（moult gracieuse folle）。1429 年，她曾在布鲁日（Bruges）的“金羊毛骑士团”（Order of the Golden Fleece）成立仪式上进行过表演。据说她身材极矮，但非常美丽且充满活力。

图 7

一场有席间菜点的王室盛宴，见于《法国国王查理五世大年表》（*Grandes chroniques de France de Charles V*）。除了指一顿正餐中两道菜品之间上桌的甜点和开胃小菜，法语中的“席间菜点”一词，还表示像音乐、舞蹈、杂技表演和模拟打斗等插曲性的娱乐节目。

餐具。肉食被切成一份一份，放在大浅盘子里上桌；然后，就餐者用自己的餐刀，在自己的盘子里再将肉食切成一口大小食用。用餐者是用手指去抓肉食的，即用右手的 3 根指头，优雅端庄地将小块肉食送进嘴里。当时的人自然也使用叉子，但叉子主要都是厨房里用；它们都属于长柄叉子，用于把大块肉食从锅里转移到其他容器里。要到 14 世纪末，意大利人才率先开始使用单独的餐叉；然后又过了大约两三百年的时间，这种习俗才蔓延到欧洲的其他地区。比如说，在波兰的凯瑟琳·贾格伦公主（Princess Catherine Jagellon）支持下，餐叉到了 16 世纪才开始出现于芬兰。此人是芬兰的约翰公爵 [Duke John of Finland，即后来的瑞典国王约翰三世（King John Ⅲ of Sweden）] 的妻子。起初，人们还会把使用餐叉与传说中的某些灾祸关联起来。

由于就餐者都用手指抓取食物，并且常常是从公用的餐盘里取食，因此在正式宴会上，人们都特别注意卫生。在用餐之前，用餐者都要洗手。这种习俗也具有象征意义，借鉴了“最后的晚餐”①。在用餐的间隙，食客们也会将手洗净和擦干。在较为高雅的宴会上，所有餐桌边都会摆放小型的“洗指碗”；在 15 世纪时意大利举办的一些宴会上，主人还会提供至少三种不同的洗指水，用餐者可以从柠檬味、桃金娘味或肉豆蔻味中进行选择。客人就坐一侧的餐桌上，还会垂着一块又长又窄的布，可能也是用于遮住主桌布的；它既可防止主桌布沾上污渍，也可让客人用来擦拭手指和嘴巴。

欧洲中世纪的烹饪

欧洲中世纪厨房的根源在古罗马。自古以来，烹饪中最显著的变化就在于使用调料这个方面；而到了中世纪，使用调料的现象日益增多。中世

① 最后的晚餐（Last Supper），指耶稣被钉死在十字架上的前一晚，与其门徒共进的那顿晚餐。据说基督教的“圣餐礼”（Eucharist）就是由耶稣在这顿晚餐上制定下来的。

图 8

在中世纪，餐桌上通常都只摆放一盘食物，每位就餐者都会从中取食自己的那一份。在德克·勃茨[①]创作的这幅《最后的晚餐》中，就有一块窄长的布保护着主桌布，并且起着普通餐巾的作用。

① 德克·勃茨（Dirk Bouts，1415—1475），“文艺复兴”时期的尼德兰画家，其画作风格以表现力强、色彩丰富为特点。亦称“Dieric Bouts”（迪里克·勃茨）。

纪的烹饪术，在十四五世纪臻于成熟，并且繁荣发展起来；当时，在经历过一段漫长的间隔之后，人们又开始编纂烹饪书籍了。欧洲中世纪的烹饪术与古代烹饪术之间的分裂日趋增大，但它与阿拉伯的烹饪艺术之间，却依然通过西西里（Sicily）和西班牙，保持着联系。在烹饪技术的发展演变当中，城镇扮演着重要的角色。比如说，巴黎和意大利北部、中部的大城市都发挥过重要的作用，因为这些大城市里的平均生活水平比其他地方都要高。在城镇里，市场上产品的来源丰富多样，本地和遥远之地的产品随时都可买到。

欧洲烹饪术在中世纪之后的 17 世纪经历过一场变革；当时，来自远东地区（Far East）的香料不再广受欢迎，只有胡椒除外，而烹调油脂的使用量却增加了。尽管如此，我们如今的许多食谱、烹饪方法和烹饪习俗，却都起源于中世纪。中世纪的人所吃的食物并不是特别“古怪”或者古老；恰恰相反，它们与当代烹饪术之间其实具有更多的共同之处。

图 9

孔雀是贵族举办的许多盛宴上的展示品。它与许多的宗教信仰有关：据说孔雀血可以驱魔，人们还认为孔雀肉不会腐坏。于是，在基督教图腾当中，孔雀便成了安息于坟墓之中的“圣子”（Son of God）的象征。此外，孔雀也代表着甦生与复活，因为它春天会褪毛，然后迅速长出新的羽毛。另一方面，这种名禽也与某些阴暗的观念有关；比方说，在寓言故事里，孔雀是虚荣、奢侈和自负的象征。

到了中世纪晚期，厨师们所用的基本食材其实跟如今的厨师们所用的差不多，只是没有土豆、西红柿、甜椒、火鸡和可可这样的新奇之物罢了，因为后面这些东西，都是到了“大航海时代”（Age of Exploration）之后，才在欧洲出现的。然而，当时人们普遍的味觉以及对味道的评价，在一定程度上与现代人的感知不同。在中世纪，人们对调料的使用较为自由，却也具有细微的差别，会让人想到东印度群岛的烹饪术，以及圣诞期间的种种味道与香味。宗教信仰和教会制定的法令，对人们所吃的食物具有重大的影响，而职业厨师在烹饪的时候，也会尽量考虑到医学界的观点。

除了营养与味道，美学在烹饪中也很重要。人们特别注重菜肴的外观、颜色和装饰，节庆场合下尤其如此。厨师的关键目标，就是在同一道菜肴中，利用各种不同的原料、调味品和色素，改变食品的自然外观与味道。

尽管我们往往会认为中世纪的烹饪方法非常古怪，但基本的烹饪步骤仍是我们熟知的那几种，即煮、煎、炒和烤。尤其是农民和资产阶级下层，他们的日常饮食相对比较廉价，并不需要复杂的烹饪技术。另一方面，为上层阶级烹制食物则需要专业技能；这样做，既可以表明一家之主的社会地位，又可以表明主人对客人的尊重。在厨房里烧饭做菜时疏忽大意，是不可接受的做法；相反，烹调饭菜必须做到准确、认真，厨房里必须做到干净和井井有条。

下层阶级都习惯于煮制食物；这样做的目的，就在于从最少的饭菜中获取最多的营养。当时的人已经懂得了水蒸这种烹饪技术：将谷物、豆类、肉和鱼放在单独的容器内，然后置于装有水的大锅里蒸。当时，用平底锅煎炸要比用烤炉烤制更加常见，因为只有少数家庭配备了烤炉。为了降低发生火灾的危险，当时各地都鼓励人们使用公共烤炉，而人们在家里的明火上，也可以烤制出不错的馅饼。

架烤、烘烤和转烤，是当时的城市家庭和贵族当中较为常见的烹饪方法。穷人吃的肉食反正较少，而用明火烘烤从利用烹调热量来看，也是一种极不经济的方式。相对扁平的食材，比如鱼肉（不管是切片之前，还是切片之后的鱼肉），适于在一个平面或带有铰链的烤架上烧烤，因为这种东西太薄了，无法用叉子串起来转烤。

在上层家庭的厨房里，人们通常会结合利用多种烹饪方法。他们会把好几种烹饪方法，相继应用于同一种食材上；本书汇编的一些食谱就表明了这种趋势。通常的做法都是先腌成褐色再焖炖，先焯水再烧烤。然而，这种加工过程中会损失掉一些食材，因而对于不那么富裕的家庭来说，结合使用多种烹饪方法的成本太高了。有一份意大利食谱，就洋洋洒洒地说明了禽肉的多个烹制步骤：鹧鸪肉先要煮熟，然后在臼子里研磨，再用猪油煎炸，最后放在加水的杏仁奶中焖炖。不过，并非所有的肉类在烧烤之前都要焯水，也并非所有烤制的食物都要进行焖炖。鱼和蔬菜也可以用多种烹调方法来烹制；但就蔬菜而言，由于煮过的汤汁没有留下来，因此从营养的角度来看，将蔬菜煮至半熟是一种有害无益的做法。还应该强调的是，中世纪的人尤其喜欢吃完全烹熟的饭菜（他们认为，熟透的食物要比半熟或生的食物更加健康，也更加安全）；不过，他们确实也会食用生的蔬菜、沙拉和水果。

图 10 两名帮厨在烤架上烤肉，选自约 1320—1340 年的《鲁特瑞尔诗篇》[①] 中的一幅插图。

① 《鲁特瑞尔诗篇》（*Luttrell Psalter*），中世纪的一部手抄本，据说由富翁杰弗里·鲁特瑞尔爵士（Sir Geoffrey Luttrell，1276—1345）委托画匠们绘制而成，其中包含了取自传说、民俗以及醉汉斗殴等中世纪日常生活场景的画作。

当时，将固体食材切碎、碾碎或者打成糊状，使得最大块的食材也用汤匙盛得下，这种做法并不罕见。把变软后的食材用一块干酪包布[①]过滤之后，最终就会获得最嫩滑的效果。有人认为，当时的人喜欢将食物分解成微细颗粒的这种做法背后，有一个原因，那就是人们的牙齿状况不佳。然而，把食材的大部分切碎、捣碎、磨碎或者过滤，实际上却是为了清除其中可能存在的有害物质。根据医学专家的观点，将有害物质与一种具有反作用性质的食材混合起来，可以中和前者的有害性。为让具有反作用的食材有效地发挥作用，必须尽量让它们与有害物质进行紧密接触；因此，所有的食材都必须尽量分解成微细的颗粒。那时，人们也经常把肉类和鱼类放到臼子里捣烂。

猪的脂肪或者说猪油，是在屠宰过程中提取出来的；与橄榄油一样，猪油也被人们用于烹煮和煎炸食物。杏仁油、核桃油、亚麻油以及罂粟籽油，都在烹饪中发挥着重要的作用，斋戒期间烹制饭菜时尤其如此。植物油主要被推荐用来煎炸鱼肉和某些糕点。为了延长保质期，黄油上面会放一层厚厚的食盐，故必须冲洗干净后才能使用。用黄油来烹制饭菜的地区，主要是法国、佛兰德斯[②]和英国；意大利、西班牙和法国南部的人，则喜欢用橄榄油。在德意志诸邦，人们却很看重罂粟籽油。

跟如今一样，当时的人在烹制食物时，也要用到大量的水。谨慎的厨师都很清楚，除了纯净的泉水，最好是不用其他任何一种水，因为井水和河水都有可能受到污染。人们在河里洗衣服，而各种各样的垃圾最终也会进入水中。在伦敦，渔民杀鱼、屠夫洗肉、酒厂酿酒所用的水和普通市民的日常用水，都来自同一条河。乡村的情况稍微好一点，但同样必须小心才是。1256 年，意大利锡耶纳的医生阿尔多布兰迪诺[③]曾发表过一则通用

---

① 干酪包布（cheesecloth），一种很薄的粗棉布，多作过滤之用。

② 佛兰德斯（Flanders），西欧的一个历史地名，泛指古代的尼德兰南部地区，位于西欧低地西南部和北海沿岸，包括如今比利时的东佛兰德省和西佛兰德省、法国的加来海峡省和北方省、荷兰的泽兰省等地。

③ 锡耶纳的阿尔多布兰迪诺（Aldobrandino of Siena，？—1296），意大利医生，因 1256 年出版了一部卫生指南《身体管理》（*Le Régime du corps*）而著称。亦拼作“Aldebrandin of Siena”。

图 11

采摘橄榄，选自《健康全书》[①]（1474）。橄榄树生长于气候温和的地中海沿岸地区。从史前时代起，人类就开始种植橄榄树了。在古希腊，橄榄树是献给女神雅典娜（Athena）的；在古罗马，橄榄枝则是和平女神帕克西（Pax）的象征。《圣经》当中，有许多章节都提到了橄榄树，比如《创世记》的第 8 章第 11 节。人们认为，橄榄油富有营养，具有清洁和安神的作用。在中世纪，橄榄油除了用于烹饪，还用于治疗伤口。当时的油灯，一直都是用橄榄油来点；而在王室婚礼和基督教会举行的仪式上，橄榄油则被用作香脂，从洗礼到病患涂油圣礼[②]，都要用到。

① 《健康全书》（*Tacuinum Sanitatis*），欧洲中世纪的一部健康手册，是根据 11 世纪时巴格达医生伊本·巴特兰（Ibn Butlan）的著作《健康养生》（*Maintenance of Health*）一书编写而成的。

② 病患涂油圣礼（Anointing of the Sick），罗马天主教会为病弱教众举行的一种极其神圣的宗教仪式，由神父将圣油涂抹在病患教众身上。临终的教徒也会接受此礼，故涂油礼有时也称为“终傅”。

性的建议，说烹饪时只能使用清澈、没有臭气和无色无味的水；如果达不到这些标准，那就说明所用的水受到了某种方式的污染。

中世纪的烹饪艺术有别于如今的一个显著特点，就是当时的人还没有把小麦面粉当作一种黏合剂；相反，人们是把干面包、吐司面包或者烤面包的面包心加入汤中，使得酱汁变稠。除了面包，鸡蛋、杏仁粉也被用作黏合剂，偶尔也会用到米粉。像奶油或黄油这样的乳制品，并没有用来给食物增稠。至于凝固剂，则源于动物的软骨，或者鱼类的鱼鳔。

在中世纪，杏仁奶和酸性液体在食物烹调中占有的地位，比如今更为重要。在斋戒期间，烹制饭菜时少不了杏仁乳，只是平时人们也经常用它来烹制肉类菜肴。不管怎么说，杏仁在中世纪都广受人们的欢迎，因为去了皮的杏仁呈白色，看上去很漂亮，而那个时代的烹饪次序，则表现出了人们对美学与色彩象征主义的尊重。人们最常用的酸性液体，有醋，有未发酵的葡萄汁或者待发酵的葡萄汁，有葡萄酒和酸果汁。非但微酸的风味广受欢迎，酸性液体也有助于食物保质。人们还认为，醋具有促进食欲的特性。再往北去，比如说在英国，人们经常用柑橘类果汁代替葡萄汁，偶尔也会用醋栗汁或者苹果汁来代替。另一方面，葡萄酒在南方地区不常用于烹调，但啤酒在英国的作用则更加重要。啤酒用在肉菜烹制当中，或者用作烹制鱼肉的清汤，同时也是焙烤食品和水果菜肴中的基本液体成分。啤酒还可以当作稀释剂，或者仅仅用作调味品。尽管如此，在上层社会的食谱当中，葡萄酒却似乎比啤酒更加常用。

在中世纪，人们最看重的就是一道菜肴的滋味与辛辣程度；但在许多情况下，人们也重视调料的甜度与细微差别。当时的人不太关注食物的咸淡，也没有据此特意将食物分成甜的或咸的两类。由于油脂能够增强风味，因此像牛油、猪油、黄油这样的动物脂肪，或者其他一些植物性脂肪，在甜味和咸味菜肴当中都会添加。人们经常把甜味与一种对比鲜明的味道结合在一起。酸甜口味首先在意大利流行开来，并且很快在其他地区也获得了人们的广泛欢迎，在古代波斯和罗马的文化当中受到了大力推崇。将酸味与甜味结合在同一道菜肴当中的做法，也与一些营养理论有关。

中世纪的人对香料情有独钟，这一点是众所周知的。当时，香料的用

图 12

一个市场摊位售卖动物内脏的情景。出于气候、经济和文化原因，中世纪晚期的欧洲人所吃的食物有时主要是源自动物。北方地区各民族的饮食当中，肉食所占的比重最高，而欧洲南部诸地的饮食当中，总体上则以蔬菜为主。人们对野味的评价，要比对家禽家畜的评价更高。

量极大，种类也繁多；但这绝非人们经常声称的那样，是为了掩盖腐坏食品的味道。香料的作用是让食物的风味变得更加诱人；而且，用得起昂贵的异国香料，也是表明一个人社会地位的有效标志，这就进一步与地中海地区的文雅之风联系起来了。在本书的第六章，我将更加全面地对香料展开详述。

在中世纪，人们通常都不会食用变了质的食物，情况实际上跟如今一样。特别是对富人而言，只有最精心地挑选出来的食材才够好，而且富人全年都能买到优质的农产品。此外，任何企图售卖变质食品或劣质农产品的行为，都会受到极其严厉的审判。食品杂货店都被置于严格的监管之下，特别是在城市里，违反规定就会受到惩处。这种监管是由各种各样的行业公会、专业群体和公职人员来负责的。比如说，在威尼斯，鱼贩必须将所有变了质的鱼处理掉，而将不新鲜的鱼搞得看似新鲜的任何做法，都是一种应受惩处的犯罪行为。在英国，油类、啤酒、葡萄酒和面粉都会受到检验，以防出现不法行径或者欺诈行为；用于制作肉冻和香肠的食材，也要接受严格的检查。1378 年，伦敦还禁止商贩在黄昏之后出售肉类。任何一个售卖腐肉的商贩若是被判有罪，就有可能被戴上枷锁镣铐；而在去接受惩罚的一路上，这个不法分子的脖子上还会挂着一块腐肉，以便杀一儆百。早在 1370 年，伦敦就禁止人们向厨子购买腐坏的厨余剩菜去做馅饼的馅料，同时禁止商贩将普通的牛肉馅饼当作鹿肉馅饼来售卖。

丰年与荒年：食物与宗教

在中世纪，每个人可以选择哪些食物，都是由宗教和教会说了算。不论贫富，人们都必须在天主教权威规定的时间奉行斋戒。当然，这并不是规定人们在斋戒期内完全不能吃任何食物，也不是说连水都不能喝，或者人们在斋戒期间会饿得形容消瘦，而是规定斋戒期内禁止食用肉类和其他动物性食品，比如牛油或猪油、黄油、奶酪、牛奶和鸡蛋。斋戒旨在净化人们的精神与灵魂，而实行斋戒的规定，也是为了纪念基督之死。

持续时间最久的斋戒期，就是举行礼仪年[①]盛大庆典活动之前的那个时候；为期 40 天的四旬斋（Lenten Season）始于圣灰星期三（Ash

① 礼仪年（the liturgical year），教会根据耶稣基督的全部神迹（从降孕、诞生、遇难、复活、升天和圣神降临，直到等候光荣再降），把一年分成不同的礼仪时期、节庆、礼仪日等，并将由此形成的一个循环称为“礼仪年度”，简称“礼仪年”。

欧洲各国饮食文化的异同

一个国家的厨房厨艺会反映出该国的文化。而在整个历史进程中，从烹饪所用的原材料、烹饪规范、规章制度和烹饪习俗等方面，地理都对二者产生了影响。在中世纪，欧洲各个民族的民族特征还不像如今这样明显。那时的城市文化，信奉的是一个统一的基督教社会；在这个社会当中，各阶层饮食习惯上的差异，甚至比各国饮食习惯上的差异更大。由于正在崛起的中产阶层试图模仿贵族的就餐风格，故种种趋势与影响，也开始从上层社会逐渐向下渗透。

由于饮食与饮食文化具有流动性，因此中世纪的厨房也极具国际性。当然，每个地区都有自己的特色，但这些特色主要取决于食材的供应情况；这是一个先决条件，其情况到了中世纪末有了改善。当时的国际贸易非常活跃：有来自东方的香料、来自南方的水果，还有来自北方的各种鱼类产品。异国食物与菜肴日益流行起来，因为其外来名称表明宴会举办者及其饮食具有国际性，暗示了人们在国外旅行时获得的种种印象，以及人们想要脱颖而出或者想要获得上流社会高雅品味的愿望。

在整个欧洲，上层社会的饮食文化尤其具有众多的相似之处。有几种菜肴，其中包括所谓的“白案”[whitedish，即牛奶冻（blancmange），又拼作 blang mengier 或 bianco mangiare]，可谓是无人不知。当时的宫廷贵族到处游历，带着厨师从一座宫殿游到另一座宫殿；这个事实，就说明了上层人士的饮食具有一致性的原因。富人也更有可能克服购买食品过程中遇到的各种困难。

比如说，由于地理位置上很靠近、文化上也很相似，故英国的贵族受到了法国烹饪的众多影响。意大利这个国家实力虽然很弱，却是一个重要的艺术中心与时尚中心；随着贸易、外交关系和文化联系日益加强，那个地区的种种影响也逐渐渗入了英国。人们前往意大利游历，既是为了接受教育，也带有宗教目的。反过来，西班牙和阿拉伯各国又对意大利的厨房烹饪产生了影响。北方各地的文化交流，当时也很活跃；斯堪的纳维亚半岛和芬兰的美食，都深受中欧地区的影响，只是许多的潮流和新颖菜肴都是历时甚久，才慢慢传入了北欧各国。汉萨同盟[①]在波罗的海沿岸各地进行的食品贸易，十分活跃。人们还开始了前往南方各国的游学之旅，而外国商贾、贵族以及教会代表则不断向北，带来了许多的新奇事物和一丝外部世界的气息。

① 汉萨同盟（Hanseatic League），中世纪德意志北部诸城之间形成的一个商业和政治联盟。“汉萨”（Hanse）一词在德文中本义指“公所”或“会馆”。该同盟于13世纪逐渐形成，14世纪达到兴盛，加盟城市最多时曾达160个。1367年，同盟成立了以吕贝克市（Lüebeck）为首的领导机构，它垄断了波罗的海地区的贸易，并在西起伦敦、东至诺夫哥罗德（Novgorod）的沿海地区建立商站，实力雄厚。15世纪该同盟由盛转衰，最终于1669年解体。

Wednesday），止于复活节（Easter）前夕，而降临节（Advent）的斋戒又会一直持续到圣诞节（Christmas）。在整个中世纪，禁食肉类的天数变化不一。教会曾一度要求人们守持4个斋期，每个斋期持续40天之久。每个圣日的前夕，也禁食肉类。起初，星期五和星期六被定为每周的斋戒日，但随着时间的推移，星期五变成了纪念基督被钉死在十字架上的日子，更加牢固地在传统中确定下来了。有些人认为，星期一和星期三也应当实行斋戒，只有星期天、星期二和星期四能够食肉。尽管如此，在中世纪晚期

图13

希罗尼穆斯·博斯[①]的这幅画作中，两条鱼象征着斋戒。基督教教义中，很早就采纳了其他宗教区分洁净食物与不洁食物的观点。随着人们寻找方法来让个人进一步净化自身、在上帝面前变得更加完美，各个宗教派系在本质上也日益开始道德化。早期的基督教会认为，禁食肉类对灵魂有益。塞维利亚的伊西多尔（Isidore of Seville，约560—636）曾经赞扬过斋戒具有的道德益处，并且写到，食用肉类会助长人们对肉欲的罪恶追求。

① 希罗尼穆斯·博斯（Hieronymus Bosch，约1450—1516），中世纪的荷兰画家兼绘图师，是早期尼德兰画派和欧洲北方"文艺复兴"运动中著名的代表人物之一，其画风较为怪诞。

的欧洲，一年当中的每个星期都实行过这种或那种形式的斋戒。当时一年到头，有 140 多天都是斋戒日；在此期间，真正的基督徒必须吃得很差，只能吃鱼和蔬菜，以纪念基督之死。

在宗教修会内部，斋戒则是禁欲主义不可分割的一个组成部分；人们认为，斋戒能够遏制肉体的种种欲望。不同的修道院或女修院，在斋戒方面的规定也不一样。在某些修道会里，修士们都守持着一种不吃肉、鱼和蔬菜的养生制度。直到 13 世纪初，英国的修道士与修女在饮食方面都极其节俭：修行者不被允许食用任何一种动物肉类，每天也只吃一顿正餐。然而，修道院里那些身体不好和年老体衰的修道士、修女，则被允许食用禽肉，偶尔还可以食用其他肉类；修道会的官方代表也是如此。出于同样的原因，中世纪早期的修道院并非全都支持这种极其节俭的生活制度；起码来看，如果修道士埃克哈德四世[①]的记载可信的话，情况就不是如此，因为此人描述过瑞士（Switzerland）圣加尔修道院（Abbey of St Gall）里丰富多样的饭菜。

对于普通的世俗之人而言，斋戒仅仅意味着遵守规定，在某个时期吃某种饮食罢了；只有最虔敬的苦行修士，才会采取最严格的禁食形式。不过，并非所有的神职人员都会把极端的斋戒加以理想化。相反，鹿特丹的伊拉斯谟（约 1466—1536）[②]曾经提出过适度饮食的建议，认为年轻人尤该如此。“在我看来，强令年轻人斋戒的人，比强令年轻人暴饮暴食的人好不到哪里去。斋戒会阻碍年轻人的身体发育，暴饮暴食则会削弱他们精神上的坚韧之气。”伊拉斯谟自己很讨厌吃鱼。他对吃鱼的这种厌恶之情，源自他到巴黎求学时在蒙塔古学院（Collège de Montague）里的生活经历。

由于宫廷厨师们发明了美味的替代菜品，供他们的主子享用，因此对

① 埃克哈德四世（Ekkehard IV，约 980—1056），中世纪瑞士圣加尔修道院的一名修道士，著有《圣加尔记事》（*Casus sancti Galli*）和《自由祝福》（*Liber Benedictionum*）。

② 鹿特丹的伊拉斯谟（Erasmus of Rotterdam），原名 Desiderius Erasmus Roterodamus（德西德里乌斯·伊拉斯谟·罗特罗丹穆斯），中世纪荷兰的基督教人文主义思想家兼神学家，被公认为北方“文艺复兴”运动中最伟大的学者，著有《论死亡之准备》（*Treatise on Preparation For Death*）、《愚人颂》（*Moriae Encomium*）、《基督教骑士手册》（*Handbook of a Christian Knight*）和《论儿童的教养》（*On Civility in Children*）等作品。

图 14
在这幅由弗拉·安基利科[①]于1430年左右创作的油画中，天使们正在为圣多明我（St Dominic）和修道士们端上饭菜。

富人而言，斋戒规定的禁食无疑是没有那么令人厌恶的。15世纪时，身为萨伏依宫廷主厨的大师奇卡尔曾经归纳了一份清单，提出了一些符合斋戒规定的替代菜谱建议：

红烧德国阉鸡 / 德国炖鱼
红烧萨伏依小鸡 / 萨伏依炖鱼
河鳗酱烤牛肉 / 大鱼内脏
牛奶麦粥配野味 / 米饭配海豚肉、黄油酥皮糕点和布丁
杏仁乳布丁、料酒鹧鸪 / 黄酱烧鳗鱼
野猪肉 / 培根鲤鱼卷
辣酱烧兔肉 / 椒盐煎鱼
鸡汤 / 鱼汤
帕尔马干酪肉饼 / 帕尔马干酪鱼饼

大师奇卡尔深入研究烹饪替代食品的艺术，是有充分理由的，因为他的主人阿曼德斯八世（1383—1451），即第一任萨伏依公爵对宗教很感兴

① 弗拉·安基利科（Fra Angelico，约1395—1455），意大利文艺复兴运动早期的著名画家，也是天主教多明我会的一位修士。

趣；从 1439 年至 1449 年，这位公爵担任过最后一任对立教皇[①]，史称菲利克斯五世（Felix V）。

从理论上来讲，当时的人吃每一顿饭，都必须考虑到斋戒法令和宗教人士可能在场等因素；做到这一点的办法之一，就是在禁止吃肉的日子里，用鱼来替代肉菜。然而，即便是在教会内部，人们也完全有可能无视这一规定，尤其是在正式场合下。总之，在很长一段时间里，神职人员的饮食，尤其是宗教精英们的饮食，一直都与世俗上层社会的饮食差不多。

尽管当时的医生通常认为鱼类和蔬菜不是特别有营养，但斋戒的规定对一个人的身体健康而言，无疑是大有裨益的。此外，在斋戒期内，人们每日吃饭的顿数会从两顿减至一顿，但人们也经常无视教会的这一建议。

除了斋戒的规定，中世纪的教会还强调节制饮食的重要性，谴责过度奢侈浪费的做法。教会认为，没有节制是一种罪孽（即暴饮暴食罪或贪食罪，它是“七宗罪”[②]中的一宗），并且很容易导致其他的罪过、罪孽和犯罪行为。暴饮暴食者都因他们可能会受到诅咒、地狱里可能有种种惩罚等着他们而吓得胆战心惊；到了地狱里，他们可能会因为饿得要命，而遭受冷酷而无法承受的折磨，可魔鬼强迫他们食用的那些腐坏而令人作呕的饭菜，却无法让他们摆脱饥饿。神学家们向虔诚的教徒许下诺言，说救赎之举会在天堂中最终让堕落者摆脱一切饥饿感。尽管如此，不论贫富，不论是世俗之人还是神职人员，人们仍然会忍不住暴饮暴食。连那些发誓守持清贫的行乞修道士，常常也受到人们的谴责，说他们都是些名副其实的饕餮者。比方说，法国诗人、小偷兼流浪汉弗朗索瓦·维庸（François Villon，1431—？）就曾在其诗集《圣咏》（*Testament*）中诙谐地嘲笑说，修道士们专捡餐桌上的好饭好菜吃，却把阉鸡、布丁和其他的油腻之物留给他们的好兄弟。

---

① 对立教皇（antipope），指罗马天主教在动荡时期，由具有争议的选举产生的、与专门负责选举任务的天主教枢机团所选出的教皇人选相对立的教皇，亦称伪教皇、敌对教皇等，实际上是天主教内部及天主教与世俗权力之间相互较量的结果。

② 七宗罪（Seven Deadly Sins），天主教教义中用于分别描述人类恶行的七大原罪。通常都根据罪行的严重程度，从重到轻依次为傲慢、嫉妒、暴怒、懒惰、贪婪、暴食和色欲。

图 15

贪吃者在地狱里被迫吃令人作呕的食物，选自 15 世纪《牧人历》中的一幅木刻版画。

人如其食：饮食与健康

在中世纪，医学研究与食物消费之间有着密切的联系，而医学观点对人们所吃的食物以及他们如何烹制饭菜，也发挥着重要的影响。与如今之人想当然地认为的情况恰好相反，当时的贵族和特权阶层中，也有许多人极其关注自己的健康；他们会尝试丰富多样的饮食，避免暴饮暴食，饮酒适度，并且很清楚暴饮暴食有可能损及他们的身体。在 15 世纪，光是勃艮第公爵一人的饮食，就有 6 位医生负责监督。15 世纪晚期英国的汇编食谱《烹饪之法》一书，则是由理查二世宫廷中的大厨与王室医生们协作编纂而成。

除了基督教会规定的保健方法，希腊医生帕加蒙的盖伦（Galen of Pergamon，129—约 200）提出的一些古老原则，曾在中世纪的医学思想中占有主导地位。根据盖伦的基本体液理论或体液研究，人体中的成分和主要体液就是血液、痰、黄胆汁和黑胆汁。与体液理论相关的气质研究，将

SOUBRIETEZ GLOUTONNIE

人的气质分成 4 类，即多血质、黏液质、胆汁质和忧郁质。温热与潮湿这两种要素，结合成了多血质（空气和春季之精华）；炎热与干燥，结合而成胆汁质（火与夏季）；寒冷与干燥，结合成了忧郁质（土壤与秋季）；寒冷与阴湿，结合成了黏液质（水和冬季）。

健康状况不佳的原因就在于人体的基本成分与体液出现了某些变化，造成了失衡。这些基本成分与体液会随着季节和一个人的年龄而变化。对一种疾病进行治疗的关键，就是恢复病人基本体液之间的平衡。斗转星移，中世纪也见证了占星术的影响对医学理论日益增大的过程；同时人们开始认识到，日月星辰对人类体液的平衡也会产生影响。从天体学的角度来看，挑选正当盛时和最有利的药物，就能够加快疾病的治愈过程。

除了服药和合理饮食，放血、拔罐、催吐和发汗都是当时的治病方法。在诊断疾病和选定合适的方法来治疗患者时，医生非但要考虑到病人的健康状况和消化功能，还要考虑到当时在一年中所处的时节、空气的质量，以及病人的睡眠模式、洗澡习惯、锻炼计划和性生活等方面。据《牧人历》称，身体健康的标志包括食欲旺盛、消化良好、心情愉快、睡得很香、感觉轻松和步履轻快、体重均衡（既不太胖，也不太瘦）、肤色健康和感官敏锐，等等。至于健康状况不佳的标志，则正好相反。

一旦有人生病，医生便会大胆推测，说有什么东西打乱了病人基本体液和自然气质之间的平衡。所以，重建此种平衡便成了治疗过程中的核心目标，而饮食则在这一过程里发挥着重要的作用。一种疾病，可以通过摄入某些物质来治愈；这些物质的性质，与最初导致疾病的特定体液截然不同。比方说，如果疾病是由过度多血质（即血液过多）引起的，那么医生就会建议患者食用大量的湿性鱼类。中世纪的许多食谱集都含有单独的章节，列出了适合病人食用的菜肴。一般来说，给体弱多病者烹制的饭菜必须营养丰富，并且温、湿两性应当合理。医生推荐的，有用杏仁乳熬成的粥，有鸡汤、鸡肉和鹧鸪肉等菜肴，还有石榴酒、梭子鱼汤、无花果、醋栗果和食糖。

为了让一个人保持健康，医生还有可能为一年中的不同时期，制订一份适合此人性情的每日菜单。换言之，就是说营养学也是一门预防科学。

图 16

法国一部手稿（约1290—1300）中描绘的节俭者与饕餮者。中世纪的基督徒会在圣灰星期三的前一天，即忏悔星期二（Shrove Tuesday）举办狂欢节（Carnival），为四旬斋那段漫长的斋戒做好准备。在整个狂欢周（Carnival Week）里，支持狂欢节的人（吃火腿、香肠和奶酪，带着厨房炊具）与支持四旬斋的人（吃鱼肉和蔬菜），始终都处在一种“交战状态”中。狂欢节与四旬斋之间的这种斗争，也是欧洲文学中有名的一大主题。

Le diables le fa penchenar e mirar.

Le diable li fay abelir mondana van

Le diables fay als aymadors far cortz e bordis e convitz per amor de lors donas.

Le diables fay trepar les aymadors per amors de lors donas.

当时的人普遍认为，某些食物适合生活安逸、久坐不动的贵族和富人去食用。贵族的消化系统既高贵，又精致；因此，贵族所吃的食物无须特别有营养，也不应当难以消化。最适合贵族的，就是那些可以提供身体所需的营养，却又不会让体重增加、不会让大脑变得迟钝的食物。精巧的禽类，比如鹧鸪、野鸡、小鸡和阉鸡，尤其为人们所推崇，鹿肉、麋肉和野兔肉也是如此。另一方面，牛肉、山羊肉、腌猪肉、野猪肉和豆类，则更适于农民、体力劳动者这样身体健硕强壮的劳动阶层食用。他们最好是食用很多的肉食，或者其他的粗粮、胡椒和黑面包，因为这些东西虽说难以消化，却能维持劳作所需的体力。

图 17　14 世纪早期的马特菲·艾尔芒高（Matfre Ermengau）在其《爱的祈祷》（*Le Breviari D'Amor*）一作中，用个人的服饰（左上）、世俗的虚荣（右上：狩猎与携鹰出猎）、盛宴（中）和竞技比赛（下），表现出了魔鬼的诱惑。

年纪也很重要。小孩子的饮食须谨防鱼类太过丰富，因为鱼肉会让孩子们变得冷漠迟钝。对于儿童，推荐食用小牛肉、牛肉和鹧鸪汤。孩子们在吃饭的时候可以喝开水，并且按照五比一的比例加入食糖和葡萄酒，让水变甜。孩子们很小的时候，大人就必须教导他们保持自制力。通常来说，医学专家都会强调，人们必须抑制个人的自然食欲，并且强调适度饮食的重要性。他们提出建议，说人们应当在完全吃饱喝足之前就离席。胡吃海喝不但有损于一个人的大脑、视力和听力，对消化过程构成阻碍，从而产生大量的体液，导致肥胖、腹胀、困顿和倦怠，还会让四肢和胃部变得虚弱起来。

从日常习惯来看，饮食有规律对每个人都有好处。据萨勒诺医学院[①]发布的指南称，为了长寿，一个人应当在早上 5 点钟起床，9 点钟吃饭，下午 5 点吃晚餐，晚上 9 点上床睡觉（拉丁语原文为：*Surge quinta, prande nona, Coena quinta, dormi nona, Nec est morti vita prona*）。

当时的学者普遍认为，人们每天只应当吃两顿饭，并且要到前一顿完全消化掉，才吃下一顿；其他的做法都很危险。晚吃饭的做法，也不可取。有些科学家还建议说，只有正餐才能趁热吃，晚餐则应做得相当节俭和易于消化。这一点对忧郁症患者尤其重要，因为他们的病症会因为食物带来

---

① 萨勒诺医学院（Salerno Medical School），中世纪最重要的一所医学院，9 世纪成立于意大利南部城市萨勒诺，10 世纪声名鹊起，是当时西欧地区医学知识最重要的源头。

的负担和夜间的湿气而加重。

此外，健康的成年人还应当避免在两顿饭之间吃东西。儿童、青少年、上了年纪的和体弱者可以例外，因为他们需要有营养的食物为其提供营养。与间隔很长时间才吃饭及一顿吃得太多相比，少食多餐更能为年轻的身体提供营养。

不同季节的保健指南

在中世纪，季节从两个方面对人们的饮食产生了影响：特定食材的供应情况，有起伏变动；医学则将食物及其食用的当季关联了起来。凡是体液特性可能会让一个季节特有的气质加重，而不是让营养协助身体抵御各种季节性危险的所有食物，谨慎之人都不会食用。医学专家给出的指导，在一定程度上有所不同。有些专家提出，不要在 3 月份吃扁豆或任何甜食，不要在 4 月份吃蔬菜块根，不要在 6 月份吃绿叶莴苣，不要在 8 月份吃任何让血液变热或者产生黑胆汁的食物，也不要在 12 月份吃卷心菜。当时的健康指南中，都含有人们不应吃的食物名单，以及在不同季节可以安全食用的食物名录。

当时广受欢迎的《牧人历》一书中，第四章的结尾就是一份适应不同季节的健康生活指南。其中建议说，人们在 3 月至 5 月间应当穿得暖和一点，但也不要穿得太过暖和。春天是进行放血治疗的大好时机，可以排出那些不良的体液。清淡而又能够让人增添活力的肉类，比如酸葡萄酱焖鸡肉或小山羊肉、水煮鸡蛋、梭子鱼和鲈鱼，都是合适的菜肴。既不是太过醇厚，又不是太过清淡的葡萄酒，也可以喝。这份指南鼓励人们早上晚点起床，但白天不应当小睡。一个人也不能贪食。所有肉类和鱼类都应当烧烤，而不应烹煮。德文版《普罗旺斯营养学》（*Provenzalische Diätetik*）一书中，给出的春季膳食指南也具有类似的性质，其中建议人们食用肥美的鹌鹑肉、鹧鸪肉、山羊奶和蔬菜沙拉。

据《牧人历》称，人们在 6、7、8 月份应当穿凉爽轻便的衣物，最好是穿亚麻布衣服。可以吃清淡而又能够让人恢复精力的肉类和鱼类菜肴，比如酸葡萄酱烧鸡肉（跟春天一样），以及小兔肉、沙拉、甜瓜、柠檬、梨子和李子等。食用的分量应当很小，但应经常吃，并且不能吃过咸的食物。除了其他的凉开水，以及用 ⅓ 的开水稀释过的淡葡萄酒，还应经常饮用加糖的新鲜甜开水（称为“ptizaine”）。其中还提醒人们，此时不要从事繁重的工作，不要过度劳累，并且彻底杜绝性生活；书中还强烈建议，此时应当经常洗冷水浴。早晨要用清凉的水洗手、漱口和洗脸。《普罗旺斯营养学》一书则认为，夏季应当食用与炎热干燥的天气相宜的食物，因而建议人们吃石榴、酸苹果、黄瓜和南瓜，以及小牛肉、小山羊肉或者其他一些清淡的酸性酱汁烧肉。

图 18

占星术对医学观念产生了影响，因而也对饮食方面的建议产生了影响。人们认为，生而受到爱神维纳斯（Venus）眷顾（即属于金牛座和天秤座）的人，都喜欢流连于餐桌之上，尽情享受聊天、吃美食和饮美酒的乐趣。

至于 9 月到 11 月间，《牧人历》则建议人们在衣着上跟春季一样，但此时应当穿稍微暖和一点儿的衣物。同样，这几个月也是进行放血治疗和清除体内有害体液的大好时机。秋季是一年当中疾病多发的季节；因此，人们应当吃像阉鸡肉、小鸡肉和小鸽子肉之类的上好肉食，并且吃的时候要适量饮用优质葡萄酒。人们应当小心食用新鲜水果，以免患上危险的热病。当时还有句俗话，说从不吃水果的人绝不会患上热病（拉丁语原文为：*Et dient que celluy neut onques fievres qui onques ne manga de fruictz*）。人们在此时完全不应喝水，并且除了脸和手，也不应用冷水清洗其他的身体部

图 19

为卧床上的病人制备药剂，选自中世纪一部手稿中的插图。北欧各国中，在与南欧各国类似的健康问题上所持的观点，也得到了人们的支持。身为芬兰神职人员且有“芬兰文字之父”这一美誉的米卡尔·阿格里科拉（Mikael Agricola，约 1510—1557），在其祈祷书《鲁库斯基里亚祈祷书》（*Rucouskiria Bibliasta*）中，除了有与不同生活场景相关的祈祷词之外，还加入了占星术、健康生活和天气方面的一些实用性知识。其中的日历部分，还列出了一年当中的月份和每年最重要的庆典活动，并且很有特色，每个月份都配有一首诗歌，吟咏了当时人们普遍关注的一些问题。对于 9 月份，阿格里科拉建议人们吃面包加羊奶，还说明了拔罐和放血疗法的好处，或者说清除有害血液的好处。人们应当多吃蔬菜和苹果、梨子之类的水果，同时还应喝荨麻汁。10 月份则适于吃煮猪肉，以及家禽和野禽肉。他还建议人们饮用新酿的葡萄酒、山羊奶或绵羊奶，以及用胡椒与丁香调过味的酒类。至于 11 月份，则可以吃芥末、胡椒、龙牙草（学名为“Agrimonia eupatoria”，一种蔷薇科植物）和洋葱。

位。晚上应当避免头部受寒；换言之就是说，晚上应当戴着睡帽睡觉。人们不应当一直睡到中午才起床，但也应当注意，不要太过劳累，不要让自己变得极度饥饿和口渴。同样，《普罗旺斯营养学》一书也极为强调秋季保暖和食用湿性食物的必要性，因为秋季的天气寒冷而干燥。书中还列出了一些水果，比如成熟的葡萄和泡过酒的无花果。至于肉类，书中推荐的是成年的两岁羊肉、鸡肉和野禽肉，都用姜汁或番红花酱烹制。

到了 12 月份、1 月份和 2 月份，《牧人历》则建议人们穿上厚厚的羊毛衣物和皮草，尤其是狐皮衣物，因为狐狸皮毛最为保暖。牛肉、猪肉、鹿肉和其他各种野味，以及松鸡、野鸡、野兔和水鸟，都应当配上醇厚的浓葡萄酒一起食用。所有肉类都应当用上等香料调味。冬季是人们健康状况最佳的时候，只会因为生活方式过度放纵而生病。《普罗旺斯营养学》一书建议说，为了帮助身体抵御寒冷潮湿的冬季，人们首先应吃用胡椒和其他香料调味的烤肉和肉饼，同时大量饮用葡萄酒，普通的葡萄酒或者加香葡萄酒都可以。

图 20

15 世纪一幅木版画中描绘的胆汁质、多血质、忧郁质和黏液质 4 种气质类型。

食品与药物

基本体液理论也拓展到了食品和食物烹制领域中，从而决定了中世纪厨房中的烹饪情况。中世纪的学者们都认为，世间存在的一切都是由两组因素结合而成的，即热和冷、干和湿，它们都对人的气质产生了影响。

所有食品都各有其特定的性质，而一个人所吃食物的性质，会给此人自己的性情带来影响。最为有益和最不会带来危险的食物，其特性与此

图 21

波斯国王亚哈苏鲁（King Ahaseurus of Persia）宫廷中举办的一场宴会，选自 15 世纪一幅挂毯上所描绘的以斯帖[①]故事的场景。

① 以斯帖（Esther），基督教《圣经》中的人物，是公元前 5 世纪中期古代波斯的王后与犹太女英雄，据说她曾利用自己的智慧，揭露了波斯宰相哈曼消灭犹太人的阴谋，挽救了波斯境内的犹太人。其具体事迹见于《圣经・旧约・以斯帖记》。

人自身在正常而健康状态下的那些特性最为接近。正因为如此，像米兰医生马伊诺·德·马伊内里（Maino de' Maineri）撰写的健康指导书《养生指南》（*Regimen sanitatis*，约1330）中，才用了大量的篇幅去研究各类食品的天然性质；他还将此书献给了自己的恩主阿拉斯主教（Bishop of Arras）。

在厨房里选择烹饪方法时，人们经常会受到想要改变手头已有食物性状这种心理的影响；但此种做法，却有可能对食用者的健康状况有害。在一定程度上来说，正是当时人们对健康普遍持有的那些看法，让中世纪的烹饪特点变成了使用大量酱汁，因为某些食品中的不良特性越是显著，人们就会混入越多的其他食材，彻底将这些不良特性抵消掉。众所周知，烹饪技术当中的烹煮既可以加热，也会让食物变得湿润。牛肉是一种相对燥性的食品，因此应当烹煮或者焖炖，而不应当烤制。烤制会加热食物并让它变得干燥，因此这可能是烹制猪肉的最佳方法，因为猪肉的性质特别湿润；同时，某些性凉和性湿的水禽也适于烤制。

对于性质温和的肉类来说，最理想的烹制方法就是将肉类包裹在面糊内煎炒、油炸或者烘焙，而烘焙时还会产生少许热气。这些烹制方法会将食物加热和干燥到一定的程度。面糊对那些只具有适度湿性的食物起到保护作用，比如小牛肉、鸡肉和某些水禽肉。往面团中加入几块猪油，也有助于锁住上述肉类中的自然水分。

据专家们称，烹制鱼类时，需要特别小心才是。最佳和最安全的烹制方法，与陆上动物的烹调方法类似，比如烹制鼠海豚、鲨鱼、海豚和鳕鱼时，就是如此。由于鱼类通常具有湿、冷的特性，因此鱼类常常都是烤制或者煎炸，并且与含有性质温燥的草本香料和调料的酱汁一起食用，从而消除任何一种有害的特性。

由于源自土壤，蔬菜通常都具有性燥的特点。烹煮或蒸制会使蔬菜获得所需的水分。绝大多数谷物的性质都较凉、较燥，因而适于褒粥。小麦是一种相对较为温燥的谷物，非常适于多样烹制。甜瓜、南瓜和黄瓜性质寒湿，据说若是加工不当的话，会导致胃溃疡和热病。危险而湿润的洋葱类蔬菜常常用于煎炸，因为煎炸会去除其中有害的湿气。水果通常也具有湿性特点，因此通常用于烤制，用面糊裹住或者与其他燥性食材一起烘焙。一些医学专家认为，生梨全然有毒，故就算是煮熟了，也只能配着温酒一起食用。

总体而言，香料的性质主要是热、燥。有几种草本香料与“生命之水”[①]一样，人们起初主要是把它们当作药物。往各种菜肴中加糖也很有必要，因为食糖是一种性质极其温湿的商品，据说也是最安全的一种食品。

① 生命之水（aqua vitae），即酒精，最初由炼金术士发现且被人们视为长生不老的秘方，故而得名。后来逐渐用于指烈性酒。

第二章

我们的日常食粮

OUR DAILY BREAD

谷物是欧洲人在中世纪时的主食。谷物为普通百姓提供了日常所需的几乎全部营养（高达 90%）；人们每顿都吃，只是食用方式不同罢了。自 11 世纪起，除了北欧国家，欧洲各国都开始广泛种植小麦。斯佩耳特小麦（Spelt）是原产于近东地区（Near East）的一种小麦，也开始广为种植。除了其他人士，德国女修道院院长兼治疗师宾根的希尔德加德（Hildegard of Bingen，1098—1179）尤其对这种小麦健康有益的品质赞誉有加。还有两种常见的粮食作物，那就是黑麦和大麦，后者是酿制啤酒时的一种关键原料。这两种粮食都是波罗的海地区的重要出口产品。燕麦自 1 世纪前后起，就开始在地中海沿岸地区进行种植了。它们可以种在旱地上，主要用作牲畜饲料。在某种程度上来说，它们也是为了供人类食用种植的，可以磨成面粉或碾碎去壳。

比如说，意大利北部曾经广泛种植小米。荞麦在 15 世纪还是一种新奇之物，极少出现在上层社会的餐桌上。水稻早在公元前 4 世纪就已传入了欧洲；然而一直要到 15 世纪后，大米才在意大利和西班牙两国开始种植，而结果表明，两国出产的大米品质优良，种植成本也相对低廉。到了中世纪末期，大米还输入了波罗的海地区。中世纪医学对大米的评价颇高，因而大米就成了精英阶层的食物。大米也可以磨成粉，用作增稠剂。

图 22

在这幅选自佛兰德斯一部日历的画作当中，收割庄稼的人正在休息和吃东西。图中的镰刀是一种收割工具，人类在史前时期就已开始使用。由于特别适合女性使用，因此镰刀后来还变成了农民送给新娘子的结婚礼物，广为流行。

豌豆粥热，豌豆粥凉[1]

人们认为，热性的谷类食物很适合上层社会食用，其中包括在斋戒的日子里，用带皮的谷粒、去壳麦粒和经过粗磨的谷物，加上牛肉高汤、牛奶或者杏仁乳熬制而成的稠粥。粥中还可以添加鸡蛋、奶酪和调料。最常见的热性谷物粥就是牛奶麦粥，即把带皮的小麦放在牛奶中烹煮，然后用肉桂和食糖调味而成（这种粥，在意大利语中称为“fromentiera”，在法语中称为“fourmentée”），非常适合配以羊肉以及像麋鹿肉、野猪肉和野兔肉这样的野味食用。即便是在最讲究的餐桌上，用同样的方法烹制的小米和大米，也是两种相得益彰的补充食物。米饭还可以用番红花染成一种令人赏心悦目的黄色。

图 23

在北方地区，中世纪的人主要种植大麦和黑麦，但各地也大量种植小麦和燕麦。当时，庄稼收割得要比如今的惯常时间早，以免谷粒掉到地上。同一块地里，可以种植好几种不同的谷物。在北欧各国，中世纪的谷物都是一年收割两次；因此，人们是在春秋两季播种。一般来说，秋季播种的谷物在 7 月底以前收割，而春季播种的谷物则在 8 月初以前收割。

① 这里是借用儿歌《豌豆粥热》（*Pease Porridge Hot*）：“Pease porridge hot, pease porridge cold, pease porridge in the pot nine days old. Some like it hot, some like it cold, some like it in the pot nine days old.”（“豌豆粥热，豌豆粥凉，豌豆粥已经放在锅里 9 天了。有些人喜欢热的，有些人喜欢凉的，有些人喜欢放在锅里 9 天的豌豆粥。”）

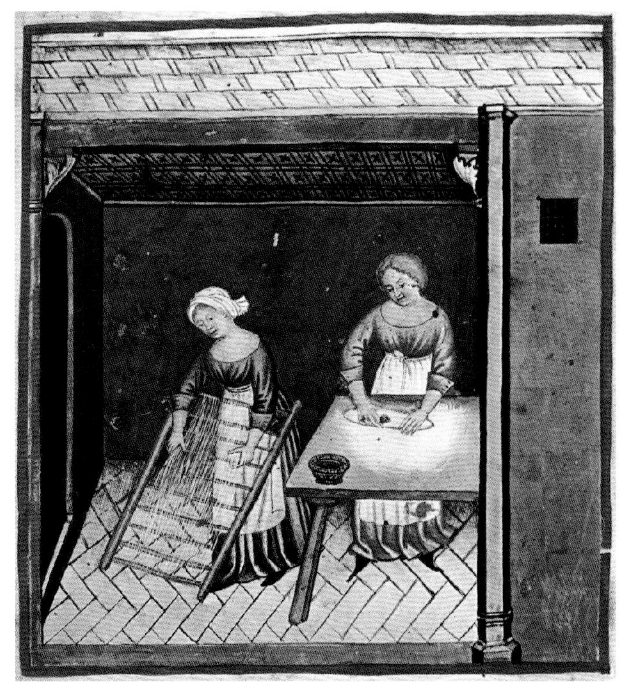

图 24
14 世纪一份手稿的插图中，两位女性正在用小麦面粉制作意大利面条。

当时下层民众食用的主要是面糊和稀粥。在北欧各国，普通民众的日常所食，就是用水加粗面粉熬成的面糊。还有一些古老的面食是北方荒野之地的偏远家庭特有的食物，那就是所谓的“佩普”（pepu）和“木提”（mutti）。“佩普”通常是用黑麦面粉放在冷水或鱼汤中搅拌而成；至于“木提”，则是把面粉放在水中或汤中烹煮而成。“木提”也是面包的一种替代品。当时北欧各国的勇士前往荒野当中或者前去打仗时，随身携带的干粮除了磨碎的谷物，就什么也没有了。维京人[①]船只上储存的食物，也主要是面粉和黄油，因为粥是当时最重要的一种熟食。在北欧各国，人们还在黑麦面粉中加糖，制成一种面团 [叫作“瓦里”（vari）]，加水之后就可以食用了。

---

① 维京人（Viking），即俗称的“北欧海盗”，他们发源于如今的挪威、瑞典和丹麦，在 8 世纪到 11 世纪之间曾不断南下，侵扰欧洲沿海和不列颠岛屿，足迹从欧洲大陆一直到达了北极，还曾到过北美洲，因此欧洲这一时期亦称为“维京时代”（Viking Age）。

面食同样也端上了上层社会的餐桌。例如，在意大利，面汤是将面粉加入糖水、牛肉高汤或者软凝乳中烹制而成的。汤上还撒有奶酪、香料、食糖和玫瑰水。早在中世纪，人们就开始用小麦面粉制作意式面团，只是我们还不能说此时面条已成了意大利的国菜。各种不同的意大利面，都是在私家厨房里手工制作出来的；不过，在中世纪晚期，佛罗伦萨已经成了意式宽面制作行会的所在地。当时，细面、空心面和其他各种形状的意大利面，连同有馅的方形饺，都是常见的面食品种。吃意大利面时，还配有奶酪、黄油和香料；在这个问题上，我们都应当清楚，番茄酱和番茄都还不为当时的人们所知。做汤的时候，也会用到碎的空心面。至于意大利方形饺，做法跟如今是一样的，以奶酪加肉或加鸡蛋做馅。人们都认为，意大利面主要是穷人的吃食。上层人士享用的面食，会用番红花将面团染上颜色，然后添加一些装饰，而杏仁乳、食糖和玫瑰水则是丰盛馅料的基础。

馅饼与烘焙食品

除了面包，甜味或咸味馅饼，以及其他各种各样的烘焙食品，比如煎饼，也都是用面粉制成的。与制作意大利面的面团一样，制作馅饼的面团也分两大类：一种很简单，主要由面粉、水和食盐制成，另一种则较为复杂，里面有鸡蛋，还可以按照需要选用番红花、糖或者玫瑰水。早在中世纪，人们就开始制作与“康沃尔馅饼”[①]类似的层叠式糕点了。这些糕点，都以蔬菜、肉或鱼肉为馅，在芬兰东部也很常见，那里的人称之为“公鸡”（芬兰语中叫“kukko”）。

面包与粥一样，是普通百姓每餐每顿必不可少的食物。同样，

图 25

佛兰德斯日历上描绘的狩猎归来图。背景当中，人们正在打谷脱粒。收割的谷物起初放在田间晒干，然后运到一座干燥的谷仓中进一步晾干。在户外干燥的过程中，谷物的秸秆被打成捆，然后要么是一堆堆地放在地里，要么就是分成几捆，每捆都直立起来，相互支撑着。每个禾垛堆的顶上都有单独的一捆禾束，盖住整个禾垛堆。一旦晒干，人们就会给谷物脱粒，然后将谷粒送往磨坊去磨粉。从史前晚期起，北方地区就开始使用那种最古老的水磨、杵磨或者捣磨了。在中欧地区，人类开始使用磨坊和烤炉的时间甚至更早，这说明欧洲大陆上吃面包的情况比喝粥更为普遍。

① 康沃尔馅饼（Cornish pasty），英国康沃尔郡（Cornwall）的一种传统馅饼兼点心，以肉和菜为馅，烘焙而成。亦译“康沃尔郡菜肉烘饼”“康沃尔肉馅饼”等。

圣安东尼热[①]或麦角中毒症

中世纪的中欧地区，曾经受到过一种可能具有致命性的疾病的蹂躏；这种疾病还逐渐升级成了一场影响广泛的时疫，可其病源却不为时人所知。后来，人们便称之为“圣安东尼热”或者“麦角中毒”。据身为主教和《法兰克人史》（*History of the Franks*，拉丁语原名 *Historia francorum*）一书作者的图尔的格列高利（Gregory of Tours，约 538—594）记载，法国在 591 年就已出现这种疾病。这种疾病发作时，症状有产生灼痛感、四肢出现皮疹，且皮疹逐渐变黑，最终变成坏疽。还有一些症状，包括胸绞痛、肌肉痉挛、丧失方向感和神志不清。我们了解的一个事实是，麦角中毒在 994 年夺走了德国莱茵河以北的地区大约 4 万人的性命，而在 1129 年又让大约 1.4 万人丧生。

1089 年，法国贵族加斯顿·盖林（Gaston Guérin）创立了“圣迪迪埃·德·拉·莫西修会”（Order of Saint-didier de la Mothe）；这个机构由世俗人士组成，专门照料那些染上此病的人。据说盖林本人的儿子曾在圣安东尼圣体的帮助之下，从此病中康复过来；圣安东尼也被称为“埃及的安东尼”（Anthony of Egypt）或者“大安东尼”（Anthony the Great）。因此，人们称圣安东尼是这个修会的守护神，而该修道会里的修士也被世人称为“安东尼的信徒”（Antonians）。圣安东尼还变成了所有患有此种疾病之人的保护神，而疾病本身也开始被人们称为“圣安东尼热”。

圣安东尼热的治疗办法，就是给患者喂食白面包和猪肉。在那个时代的绘画和雕刻等视觉艺术中，圣安东尼通常被人们描绘成手持 T 形十字架，一手拿着一片面包，脚下有一头猪的形象。那头猪的脖子上还挂

---

① 圣安东尼热（St Anthony's Fire），类似于丹毒的一种皮炎。圣安东尼（St Anthony，251—356），基督教早期的圣徒，是基督徒隐修生活的先驱。此人原本家道富有，后因听到福音而散尽家财，避世隐修。11 世纪时其圣体被人们迎往欧洲，据说是众人祈求圣人转祷，这种疾病才得以消灭。亦译“圣安当”。

着一个铃铛；因此，安东尼的信徒们饲养的猪身上也挂着铃铛，以便与同一地区人们饲养的其他猪区分开来。即便是在遥远的芬兰，人们也把圣安东尼尊为猪的保护神与瘟疫的救星。米卡尔·阿格里科拉在其 1544 年所作的祈祷书中曾经提到了圣安东尼，这位圣徒本人在传统上被称为“迪尼米斯”（Tynimys）或“基诺恩”（Kynönen）；这两种称呼都是“安东尼”或者“安东尼努斯”（Antoninus）的昵称。

1670 年，法国昂热（Angers）医学中心的医生蒂利耶（Thuillier）提出，圣安东尼热的症状是由麦角菌（ergot）引起的；这是一种黑麦真菌病，且此病本身不会传染给人类。然而，直到 1746 年，巴黎医学院（Medical Academy of Paris）才接受了这一理论。受到污染的黑麦中存在某些生物碱，它们使得人体内的动脉与静脉急剧收缩，从而导致了这种疾病。食用的黑麦当中，哪怕只有 0.1% 含有麦角菌，也会导致这种疾病症状的出现；但在中世纪任何一个多雨的年份里，受到污染的谷物数量都有可能成百倍地增加。研究证明，麦角菌对牲畜也很危险：在收割过黑麦的地里放牧的牛群，会出现流产和死胎现象。

除了导致坏疽的麦角菌坏疽（ergotismus gangraenosus），即麦角中毒性惊厥（ergotism convulsivus）病例，人们还注意到了首先表现为神经系统紊乱的症状。这种疾病从指尖有刺痛感开始，然后是麻木，最后发展成肌肉痉挛和癫痫性抽搐。还有一种常见的症状，那就是流产。儿童患上此种疾病，智力发展会受到阻碍。

在气候较为凉爽的地区，麦角症原本不那么普遍，但到了近代，这种疾病也给北欧各国带来过麻烦。这种疾病，在瑞典从 18 世纪 40 年代开始出现，而在芬兰，则是一个世纪之后才开始肆虐的。这种疾病会导致肌肉痉挛，故时人称之为“扭拧病”。时至今日，考古研究也表明，芬兰的某些郡县，比如哈米林纳县（Hämeenlinna）、列托县（Lieto）和卡斯特尔霍马县（Kastelholma），在中世纪曾经出现过麦角症。

图 26
用作餐盘的扁圆面包，选自“家居书大师”①的一幅油画。

上层社会的餐桌上往往也有面包可吃，但主要是作为一种补充食品。有钱人坐下来就餐时，餐桌上的面包往往就成了衡量一个人社会地位的标准：主人与贵宾得到的面包分量，比其他就餐者要大。通常来说，主人所吃的面包是新鲜烹制的，贵宾所吃的面包可能是一天前烹制的，而其他就餐者吃的，时间就更久了。

根据医生的建议，富人只能吃纯粹的白小麦面包。人们会把小麦去皮去壳，磨成精细的面粉。黑面包用黑麦、大麦、燕麦、小米或者混合面粉制成，后者经常由黑麦和小麦混掺而成，称为“杂麦”（meslin）或者“杂粮面包”（maslin）；主要是社会下层的人食用，但到了中世纪末，许多地方的普通百姓也开始喜欢食用掺有少量小麦的面包。在法国、意大利和英国，面包汤也是一道名菜；这种面包汤是用蔬菜汤或加有调料的水，浇在切片面包上烹制而成的。人们还可以往这种混合物中添加番红花、杏仁、香料、葡萄酒或者啤酒，调制出一道更加复杂的面包汤。

中世纪的人在吃饭时，通常还会把扁平的圆面包或者切片面包当作餐盘，将肉片、浓稠的酱料和食物放在上面取食。最终，这些被当作餐盘的面包（在法语中叫作“tailor”或者“tranchoir”）也会被吃掉，施舍给穷人或者丢给动物吃。不新鲜的面包皮和硬边不会被处理掉，而是会泡在汤里，使之变软和。而且，正如前文所述，面包的中心部分也被人们用于烹饪中，当成酱料中的黏合剂。

就餐时，面包通常都是供人享用的食物；但如前所述，面包也可以当成盘子或者汤匙，当成盐碟或者用于擦拭手指。由于拿着很方便，又有吸水性，扁平的面包片很适于当餐盘；它们都是从由粗磨面粉制成、几天前烤好的面包上切下来的。在正式场合下，普通就餐者都是自行切下面包，贵宾用的则是已经切好的面包片。贵宾在就餐过程中，可能会数次更换做成餐盘的面包片。一般说来，地位较低的就餐者至少也会在上最后一道菜

① 家居书大师（Master of the Housebook），15 世纪德国北方文艺复兴运动中的一位画家，具体姓名不详，其全盛时期为那个世纪的最后 25 年，曾在德国南部沃尔夫格城堡（Castle Wolfegg）创作了一系列描述日常生活的精美画作。由于此人在荷兰的阿姆斯特丹还创作过许多版画，故又被称为“阿姆斯特丹的橱柜大师”（Master of the Amsterdam Cabinet）。

图 27 一位市民的妻子带着面包到市镇的公用烤炉来烤制。中世纪的烤炉结构简单，用石头筑成，呈洞穴状。

之前，换一片新的面包。最后，就餐者会用这种面包餐盘来吸净酱汁，扔给狗吃或者施舍给穷人。在中世纪晚期，欧洲北部使用餐盘面包的现象要比欧洲南部更为普遍。

在城镇和乡村里，面包烤制主要由专业的面包师负责；至于目的，部分在于减少发生火灾的风险。即便是富裕的贵族家庭，也并非全都是在自家的炉子里烤制面包。城镇和乡村里都有营利性的烤炉坊，生着烤炉供大家共同使用。人们可以在家里预先和好面团，然后拿到公共烤炉坊里去烤制。若是购买烤制好的面包，那么面包的价格是由所用面粉的种类决定的；其中，易消化的小麦面包价格最贵。当时烤制的面包，通常都是圆形的。

图 28
一部佛兰德斯日历上描绘的 12 月：人们正在杀猪，烤炉里则在烤制面包。

可惜的是，中世纪的面包配方留传至如今的寥寥无几；考虑到面包在人们的一日三餐以及日常饮食中扮演着核心角色，这个事实可能看似非常奇怪。当时，烤制面包属于基本的生活技能之一，故人们认为没有必要把面包的配方记录下来。然而，由于面包是人们日常饮食中不可或缺的组成部分，因此本书还是列出了一些精选的面包配方。这些配方都是根据如今我们已有的资料整理而成的。

谷物：大地硕果

谷物一直都是大地硕果的典型象征，其他任何东西都无出其右。人们将谷物从地里到面团、再到烤炉与餐桌的发展过程，等同于人生的不同阶段。埋在地里的种子似乎是死的，但一到春天，就会生根发芽。因此，它成了重生与希望的完美比喻。

《圣经》当中，有无数故事都提到了谷物。关于该隐（Cain）和亚伯（Abel）献祭的章节（《创世记》4:1—17）中提到了谷物。在约瑟（Joseph）的梦境（《创世记》37:5—8）、法老（Pharaoh）的梦境（《创世记》41:1—31）和《路得记》（3）中，也提到了谷物。《旧约》里的“圣所献祭”（Offerings for the Sanctuary，《出埃及记》25—30），就是精神食粮的象征。《新约》里关于“饼鱼神迹”（Miracle of the Loaves and Fishes）的寓言中则提到，耶稣给众人吃了 5 个饼、2 条鱼之后，剩下来的零碎还装满了 12 个篮子（《马太福音》14:17—21）。人类不应仅靠面包活着（《马太福音》4:3—4）；人类还需要精神食粮。在“最后的晚餐”中，生命的粮与酒就成了灵魂的食粮。“他们吃的时候，耶稣拿起饼来，祝福，就擘开，递给门徒，说：你们拿着吃；这是我的身体。”（《马太福音》26:26。亦参见《马可福音》14:22，《路加福音》22:19，《约翰福音》12:24）

在中世纪一些描绘圣母马利亚（Virgin Mary）和圣婴耶稣（Infant Jesus）的画作中，谷穗都直接喻指“最后的晚餐”。在德国一些女修道院和 14 世纪以降的朝圣画作当中，圣母马利亚都被描绘成了“身披谷物”的形象；换言之就是，她的斗篷上装饰着结有谷粒的谷穗。这一素材源自《雅歌》，其中有“你的腰如一堆麦子，周围有百合花”一句（《雅歌》7:2）。马利亚就是一块圣地，没有播种却长出了谷物，那就是圣子基督（Christ Child）、生命之粮。民众带着虔敬之情，念着春天的祷词，祈求身披谷穗的马利亚来到田野上，以确保获得丰收。在古时，希腊的农业女神和“谷物之母”德墨忒耳（Demeter）也扮演着类似的角色。她在古罗马神话中对应的角色就是刻瑞斯（Ceres）。在中世纪的芬兰，春季人们也会举行“田野祈福周”（kanttaiviikko）；庆祝期间，村民会在教区神父的带领下列队走向田野，祈求丰收。

第 三 章

适合各种需要的蔬菜

VEGETABLES FOR ALL OCCASIONS

Assez y ferir et
hurtay
Et maintesfois
je escoutay
Se je orroye leans nulle ame
Le guichet qui estoit de charme
Elle ouvrit une pucellette
Qui assez estoit gente et nette
Cheveulx eut blons come ung bassin
La char plus tendre q'ung poussin
Front reluisant sourcilz voultis
Lentreoeil si nestoit pas petis
Ains fut assez grans par mesure
Le nez eut bien fait a droiture
Les yeulx eut vers come faulcone
Pour faire envie a tout homme
Doulce alaine eut et savouree
La face blanche et coulouree
La bouche petite et grossette
Et au menton une fossette

蔬菜与其他食用植物（包括谷物），在中世纪下层民众的日常饮食中都扮演着重要的角色。相比而言，社会上较为富裕的人士食用的蔬菜则较少，因为他们能够购买到充足的肉类供自己食用。尽管如此，由于有斋戒的规矩，因此食用植物在每家每户的厨房中，都是一种极其有用的农产品。

蔬菜可以生吃，但绝大多数时候，人们都是用一种相当简单或者说毫不复杂的方式，把蔬菜煮熟并食用。人们在实际烹煮之前，都会将蔬菜清洗干净；在很多情况下，他们还会先把蔬菜在开水中焯至半熟。蔬菜尤其多用于做汤，但菜泥、炖菜和各种各样的蔬菜煲也广受人们的欢迎。根茎和蔬菜也可以用平底锅煎炒或者放到热灰中煨制，这样会让它们的味道更加爽口。当时，人们认为蔬菜并不是特别有营养；正是基于这个原因，人们才更喜欢用肉、鱼来增加蔬菜的营养。牛肉汤或鱼汤可以用作烹煮蔬菜的高汤，而在斋戒日里，也可用杏仁乳来烹煮。

中世纪的蔬菜种类要比如今有限得多，因为土豆、茄子、洋姜、西红柿、玉米、菜椒、红薯和青豆等蔬菜，都要等到那些伟大的探险家进行探险之后，才能来到欧洲人的餐桌上。另一方面，如今已经不再重要的一些蔬菜品种，比如萝卜与荨麻，当时的人却普遍食用。

当时的许多蔬菜品种，在北方的气候条件下种植得不如南方那样成功，但汉萨同盟也对北欧地区的蔬菜供应与食用量起到了促进作用。在中世纪的历史进程上，中欧和北欧各民族逐渐熟悉了原本

图 29

一户贵族家的花园，选自《玫瑰传奇》[①]中的一幅佛兰德斯插画。花园左边是草地和喷泉，右边是苗圃；两侧都果树成荫。加兰的约翰（John of Garland）是一名英裔语法学家和巴黎大学的教师。在其所著的《词典》（*Dictionarius*，撰于1220年左右）里，他曾详细说明了巴黎一座精心打理的花园里应当栽种一些什么样的植物。在书中，他列举了樱桃、梨树、苹果、李树、温柏、桃树、榛子、无花果，还有葡萄藤等果树，鼠尾草、欧芹、牛膝草、茴香和细叶芹等调味作物，玫瑰、百合和紫罗兰等花草，锦葵、颠茄和向日葵等草药，以及像卷心菜、韭菜、大蒜和芥菜这样的蔬菜。

① 《玫瑰传奇》（*Roman de la rose*），法国13世纪的一部长篇寓言诗，由基洛姆·德·洛利思（Guillaume de Lorris）与民间诗人让·德·梅恩（Jean de Meung）两人所作。长诗分为上下两卷，以玫瑰象征贵妇，描写了一个诗人爱上了玫瑰却为环境所阻，后来在理性和自然的帮助下终于获得了玫瑰的故事，批判了当时的社会不平等现象和天主教会的伪善，表达了下层市民的社会政治观念。

在地中海地区种植的众多蔬菜新品，比如花椰菜、韭菜、莴苣和豌豆。人们还从南欧引进了食用大黄，并且开始种植；这种蔬菜是 14 世纪从亚洲传到南欧地区的。起初，只有修道士们在修道院的菜园子里种植食用大黄；由于它对消化系统具有促进作用，因此人们都出高价购买。从食用大黄的根茎中还可以提取出一种泻药（*purgats*）；比如说，米卡尔・阿格里科拉在他的祈祷书里（《鲁库斯基里亚祈祷书》，1544）就提到过这一点。除此以外，大黄在中世纪并未被人们当作蔬菜来真正食用，而如今的大黄品种在当时还不为人知，因为如今的品种是后来杂交出来的，所以人们也只食用其叶茎。

图 30

14 世纪的一幅插画中，描绘了绿叶蔬菜被蒸熟、切碎并在杵臼里捣烂的情形，选自《鲁特瑞尔诗篇》。北欧农民主要是用萝卜、卷心菜、蚕豆和洋葱来烹制炖菜。在 15 世纪的芬兰，早已栽培有大头菜、卷心菜和豌豆；图尔库（Turku）和哈姆（Häme）两座城堡 16 世纪时的账簿上，列有菜豆、豌豆、卷心菜、洋葱和萝卜，而城堡的菜园里，还种植着洋蓟、防风草、球芽甘蓝、红洋葱、南瓜、茴香、皱叶甘蓝、甜菜根和水萝卜等蔬菜。直到 17 世纪，像胡萝卜、黄瓜、四季豆、青豆、菠菜、生菜、韭菜和菊苣这样的新品蔬菜，才传入芬兰。

根块与芽菜

在中世纪，人们对蔬菜与其他食用植物的分类跟如今不同。当时，食用植物通常被分成“干菜”与“鲜菜”两类。接下来，“鲜菜”这一类又分成“根块”与“草本”两种。凡是生长在地下的，都属于根块，因此萝卜和防风草之类的蔬菜，就属于这一类。草本蔬菜则包括了生长于地面上的一切，故生菜、水芹、欧芹、黄瓜、卷心菜、韭菜和洋葱等，都被人们归入了草本一类。

洋葱、豆荚和卷心菜在人们的日常食物烹制中都享有特殊的地位。例如，皱叶甘蓝、羽衣甘蓝和花椰菜在古罗马时代就已为人们所知，它们都是被前去征伐的罗马军团当成战利品，从东方带回欧洲的。卷心菜极其耐寒；在中世纪晚期，一年中的大部分时间里都可种植食用。不过，尽管种植广泛，当时的卷心菜价格依然相对较贵。由于深受恶劣气候之苦，英国只能用荷兰与法国出产的卷心菜来加以补足，且其他的蔬菜储备情况也是如此。9 世纪早期，查理大帝[①]在亚琛（Aix-la-Chapelle）的领地曾因那里的菜园而闻名。查理大帝本人尤其喜欢吃卷心菜；而且，由于笃信改良，他还开发出了 74 种不同蔬菜、草本和水果的栽培方法。

大头菜和球芽甘蓝是中世纪晚期在佛兰德斯培育出来的，而花椰菜则是从原产于地中海地区的野生卷心菜演变而来。花椰菜先是在南欧地区种植，过了数个世纪之后，才为北欧各国所知。

卷心菜和豆汤是当时普通百姓的主菜。人们会往汤中加入猪油和肉类，使之味道更香并增加汤中的脂肪含量。《巴黎主妇》（*Ménagier de Paris*，1393）一书指出，牛肉高汤或羊肉高汤与猪肉高汤相比，更适于烹制卷心菜；反过来，猪肉高汤烹制韭菜时口味最佳。上层社会只食用卷心菜的白色部位，而他们吃韭菜与生菜时，也是如此。

当时，不同品种的洋葱类葱属植物也很容易得到，因为它们在贫瘠的条件下也很好栽培。洋葱相对比较便宜，故各个社会阶层都用它们来烹制

---

① 查理大帝（Charlemagne，742—814），法兰克国王、神圣罗马帝国的奠基人，公元 800 年，由教皇加冕为“罗马人的皇帝”。

食物。例如，葱头既可作为主要成分来烹制一道汤菜，也可以只用作香料。人们通常都会把切碎的洋葱先用油炒一炒，然后才添加到一道菜肴中去，但也可以直接用生洋葱做汤。炒过的洋葱还被用于装点业已烹好的菜肴。洋葱和韭菜也可以放在热灰中焙煨，最终焙熟的成品柔软适口而又香气四溢。焙烤之后的洋葱，既可以直接食用，也可用于烹制其他食物。

某些学者认为，体弱多病者食用的菜肴当中，不应当含有性湿而危险的洋葱。不过，人们认为洋葱也具有治疗的功效；在中世纪，人们曾用洋葱制成的药剂治疗消化功能紊乱、普通感冒、阳痿和水肿等病症。人们还认为，洋葱的气味可以驱走吸血鬼。许多古老的谚语里都提到了洋葱，例如，说正在哭泣的人是在剥洋葱。

从用量上来看，像蚕豆或菜豆、豌豆和扁豆这样的“干菜”，才是中世纪最普遍食用的蔬菜；当时它们在日常饮食中扮演的角色，无疑比如今更加重要。晒干之后，豆类还能储存一整个冬天。有钱人都瞧不起扁豆，认为扁豆是穷人的吃食。豆汤、豆类炖菜、豆类煲锅或者豆泥，主要是下层民众的日常口粮。在烹制豆荚之前，人们会浸泡豆荚，还可以往菜中添加其他一些比较便宜的蔬菜，比如卷心菜、韭菜和洋葱。面包面团中也可以添入豆粉，粮食匮乏的时节尤其如此。

上层社会所吃的豆类菜肴并非简单的杂烩，而是种类丰富、内容充实的炖菜和豆泥。在意大利，豆荚中竟然填有馅料：豆荚经过浸泡、破开之后，会填上加糖的杏仁糊，再进行焙烤。在英国，用杏仁乳配葡萄酒、葡萄干和蜂蜜烹煮的豆荚，则是上流社会餐桌上的一道美味佳肴。豌豆也可以与杏仁乳和米粉同煮，变成一道道诱人的菜品。

根块类蔬菜的应季时间比其他蔬菜更长，因为它们的生长期也更久。尽管中世纪的医学界曾经警告说根块难以消化，但各种根块类蔬菜还是被人们用多种方式烹制成食物。当时，萝卜是一种常见的食材；胡萝卜、防风草、甜菜根、水萝卜和山葵也很有名。大头菜可能要到 16 世纪才为欧洲人所知。总的来说，当时的欧洲人都喜欢辛辣的味道，磨碎的山葵则具有与芥末一样的功用。山葵和蒜泥可以在专门的香料铺子里买到，不然就是在自家菜园里种植的。

中世纪的素食主义

西方第一位著名的素食主义者，就是古希腊的数学家兼哲学家毕达哥拉斯（Pythagoras of Samos，前 572—前 497）。此人的素食主义道德观建立在道德伦理原则的基础上。然而，无论在古代晚期或者中世纪，毕达哥拉斯的这些观点都没有得到多少人的支持。

在中世纪，很少有人守持一种仅由水和没有调味的生蔬菜组成的饮食。毫无疑问，人们认为坚持素食是一种更加符合道德的生活方式，因为毕竟来说，伊甸园里的人类和野兽在堕落之前，吃的只是果蔬；只不过，几乎没有人践行素食主义罢了。中世纪的教会曾向信徒们保证说，为了获取食物和营养而杀死动物，并不是一种罪孽。13 世纪的意大利神学家兼哲学家托马斯 · 阿奎那[①]曾在其《神学大全》一书中断言，上帝创造出植物和动物，就是为了给人类当作食物。动物没有一个理性的灵魂，因而没有能力接受上帝赐予的知识，更不用说进入天堂了。

在中世纪的文化当中，人们既将植物王国视为纯洁的代表，也将其视为不洁之动物王国的直接对立面。即便如此，人们还是有点儿将信将疑地认为，植物所结的果实并非全然清白，因为所有的果实最终都指向了一桩特定的事件；正是这桩事件，在混沌之初促成了人类的堕落。

有人提出，可以将中世纪自愿守持的素食主义与不得已而为之的素食主义区分开来。穷人吃不起肉食，因此不得不践行后一种素食主义。有些群体被人们视为异端（比如纯洁派[②]、摩尼教徒[③]和博戈米尔派[④]），其中的成员则是自愿坚持素食。在基督徒当中，一些

---

① 托马斯 · 阿奎那（Thomas Aquinas，约 1225—1274），中世纪意大利著名的哲学家兼神学家、多明我会修士，著有《神学大全》《论君主政治》《反异教大全》等作品。他把理性引入了神学，用“自然法则”来论证“君权神圣”说，是自然神学最早的提倡者之一，也是托马斯哲学学派的创立者，被天主教会誉为有史以来最伟大的神学家和 35 位“教会圣师”之一，死后获封“天使博士”（或称“天使圣师”“全能博士”）称号。

② 纯洁派（Cathars），12 世纪至 13 世纪在普罗旺斯成立的一个基督教教派。该教派认为，物质世界是邪恶的，只有精神世界才是纯洁的。

③ 摩尼教徒（Manichaeans），信奉摩尼教的教徒。摩尼教是 3 世纪中叶波斯人摩尼（Mānī）受基督教与波斯拜火教的影响而创立的一个教派，是一种二元论宗教，崇拜光明。

④ 博戈米尔派（Bogomil），12 世纪流行于保加利亚及巴尔干半岛各国的一个基督教异端派别，因其创始人称“博戈米尔”（古斯拉夫语，意为“爱上帝者”或“上帝之友”）而得名。该派号召人们拒绝履行封建义务，不向国家权力屈服，反对官方教会关于上帝创造的世界完美无缺的教义，提出了二元论的创世说。

最狂热的禁欲主义者也守持着一种自我强加的素食主义生活方式；对于神秘主义者和隐士来说，坚持素食主义则是惩罚肉体，从而获得上帝认可的一种手段。例如，15 世纪末住在法国国王路易十一世（King Louis XI of France）宫廷里的“保拉的方济各”[①]，据说这位卡拉布里亚[②]隐士就是一位严格的禁欲主义者。在大部分时间里，此人都是站着或者靠在某种东西上睡觉。他从不理发，从不修剪胡须，也从不屑于食肉吃鱼。结果，国王只能买来柠檬、甜橙、麝香梨和防风草，供手下的这位隐士食用。然而，15 世纪最著名的素食主义者，还得算是意大利艺术家兼科学家列奥纳多·达·芬奇（Leonardo da Vinci）；他曾称人类的嘴巴是“所有动物的坟墓”，而其笔记则表达出了他对屠宰场的牲畜之命运所进行的一些思索，读来极其感人。

---

① 保拉的方济各（Francis of Paola，约 1416—1508），基督教神父和“最小兄弟会”（The Order of Minims）的创立者，后获封圣徒。

② 卡拉布里亚（Calabria），意大利南部的一个大区，以前称为“布鲁提亚半岛”（Brutium）。保拉（Paola，亦拼作 Paula）是卡拉布里亚的一座小城镇。

图 31

15 世纪晚期人们对堕落之前的伊甸园的看法。在伊甸园里，早期的人类和野兽完全以植物为食。据如今的考古学和古生物学研究来看，尽管我们的古代先民也有可能获得肉食（或是来自动物的死尸，或是来自狩猎所得猎物），但人类远祖［比如说直立猿人（Homo erectus）］的饮食主要还是由植物、根块、水果和坚果组成。

中世纪人们食用的绿叶蔬菜，有芹菜、茴香、芦笋和菠菜；这些蔬菜全都可以用作草本香料。起初，芦笋只有富裕人家才吃得起。菠菜也刚刚引入，特别是在斋戒日里食用。据《巴黎主妇》一书称，菠菜很容易烹制，可以搭配任何菜肴；洗净去茎之后，将菜叶放到锅里用油炒熟或者用盐水煮熟，上桌之前再洒上少量橄榄油就可以了。据说，14 世纪的“香草素馅饼”里也有菠菜。

图 32

采摘卷心菜，选自《健康全书》（*Tacuinum sanitatis*）。

当时，人们用茴香叶制作沙拉，用茴香籽给酒水、汤、甜点和面包调味。医学专家则推荐用茴香籽治疗胃疼、发烧、牙痛、耳痛、肿瘤和失明。人们认为，茴香可以益寿延年，可以增强人的体力和胆量。在中世纪，茴香曾被用作许多毒药的解毒剂，人们还认为它可以治疗精神错乱。人们会把茴香枝挂在门上来防患巫术，而咀嚼茴香籽可以抑制食欲过旺。

此时，南瓜、西葫芦和黄瓜在欧洲南部都已为人们所知。捣成瓜泥之后，橙黄色的南瓜与白色的肉类或鱼肉搭配，可谓是相得益彰。在意大利，人们甚至直接生吃黄瓜，或者只加点食盐调一下味。菊苣或者说培植的叶菊苣和普通的莴苣，都是常见的多

图 33

采摘豆荚，这是14世纪一部手稿中的一幅插画。当时的人只用豆类的籽实来烹制食物。要到16世纪，常见的四季豆才得到广泛种植，人们才食用其豆荚。豆类炖菜通常都与猪肉搭配食用，但野味或鹅肉也可以搭配。蚕豆原产于地中海地区，由于具有杏仁风味而广受欢迎。它是到了中世纪盛期，在僧侣们的支持之下才传到北欧各国的。豌豆同样深受人们喜爱，被大量运送和贩卖到了欧洲各地。芬兰从9世纪起就有了豌豆。波斯人、希腊人和罗马人在古时都曾食用过干豌豆，但新鲜豌豆要到16世纪才出现在西方各国的厨房里。

Quandam cum nobilibz sede. et sapien
te secundum consuetudinem regi
bilium et age quod dicet te agere.

sep
dit
dic
bu
pr
lic

tas
dif
ta
suc

tari labore modico. scilicet equitando
vel ambulando. Ita tale quod faciem
alit corpus nullum minuat. Et

叶蔬菜。莴苣要用草本香料调味，比如欧芹、鼠尾草、洋葱、大蒜、韭菜、琉璃苣、薄荷、茴香、迷迭香和芸香；上桌前，还要淋上一层拌在一起的油、醋和盐。水芹也很有名。

如今，荨麻完全是一种野生植物，可在中世纪，它们却是菜园里栽培的。荨麻之所以深受当时的人喜欢，是因为它带有一种淡而微苦的味道，且有薄荷风味。在中世纪的厨房里，荨麻有多种烹饪方法，菜泥、汤、炖菜和面包当中都有。荨麻还是一种公认的草药。人们把荨麻的嫩叶采摘下来晒干，最终熬制成一种药剂，对治疗贫血、风湿症状、关节疼痛、皮肤病和渗出性溃疡、感冒、咳嗽、鼻炎和支气管炎都有好处。1 世纪，古希腊医生、药理学家兼植物学家狄奥斯科里德斯（Dioscorides，约 40—约 90）还发明了一种把荨麻籽放在葡萄酒中烹煮而成的春药；此人论述药用植物的多卷著作，曾在中世纪的欧洲广受欢迎。（这部著作在英语世界赫赫有名，其拉丁书名为 *De materia medica*）。在芬兰，直到近代以前，治疗男性阳痿的方法都是用荨麻束抽打男性的生殖器。当时人们经常实施各种各样的表面刺激疗法，目的就是促进血液循环，并且经由皮肤清除体内的有害物质。

中世纪的人究竟吃了多少蘑菇，这一点我们很难估算，因为当时的人很少将野生植物记入账簿里面。此外，由于中世纪的食谱中通常都没有具体说明蘑菇的确切种类，故我们也很难确定那时人们食用的是哪些蘑菇。人们已经确知，有些蘑菇品种有毒；我们也很清楚，即便是在那时，松露也注定是富人才能享用的美味。据中世纪的医学专家称，蘑菇具有危险而独特的湿性，故需要经过特殊处理才行。彻底清洗和焯水两步极其关键，然后蘑菇也可以煎炒，并且与其他菜品搭配，比如说洋葱或者韭菜。跟如今一样，当时人们也会把蘑菇晒干储存起来，以备过季食用。干蘑菇要经过浸泡之后，才能添加到炖菜或烧烤菜品中去。

图 34

王室就餐时，饭菜和酒水都是用金银器皿盛放并端上餐桌的。选自《秘中之秘》（*Secret of Secrets*，拉丁书名为 *De secretis secretorum*，1326—1327）一书的版本之一。

中世纪的厨房掠影

在农民和工匠家庭中，有个房间既作厨房，又作餐厅。相反，在贵族的宫殿和中产阶级上层的城市住宅里，却通常有一个单独的厨房，客厅则兼具餐厅功能，所用的餐桌是在就餐时再组装摆放的。换句话说就是，当时的餐桌并不是固定摆放的家具。传统上，家中的所有成员都是坐在一起用餐的；然而到了中世纪晚期，在面积较小的独立餐厅用餐这种习俗变得更加常见了，而此时房屋的建筑结构也发生了变化。在上流社会，一家之主及其家人尤其喜欢在一小群亲戚的陪伴下享用早餐和晚餐，而不愿跟一大帮人一起吃。

在上层家庭当中，厨房并不是紧挨着用餐区，而是尽可能地远离休息区与起居区，因为挨得太近的话，就有发生火灾和吸入厨房油烟的危险。城堡或者宫殿里的厨房，通常由一套多个房间组成，面积住得下 5—50 名厨房伙计。由于始终处在高温与油烟之下，因此厨房里的设施不能太拥挤，且须通风良好。

大户人家的厨房里是一派熙熙攘攘的景象，因为绝大多数菜肴都是要趁热享用的。只有一些馅饼、冻品、不用煮熟的酱汁和食物属于冷菜，可以提前做好。就餐时，专司上菜的伙计会把烧好的菜肴迅速从厨房端到餐厅。桌布与餐具也存放在厨房里，或者存放在与厨房毗连的一间食品储藏室里；到了摆放餐桌的时候，伙计就会把餐具送到餐厅里去。

在 15 世纪的第戎（Dijon），历任勃艮第公爵的宫廷厨房里，都建有六七座巨大的壁炉。其中还有数座洗涤池，用于清洗食品、厨房炊具和器皿。一位技艺精湛的主厨（比如服侍过萨伏依公爵的大师奇卡尔），会带着一种近乎狂热的感情，强调厨房清洁的重要性。厨余垃圾在中世纪是一个相当严重的问题。如果附近有河流，垃圾就可以丢进河里。不然的话，厨房垃圾就必须单独用大车装着，送到城外的垃圾堆去。最傲慢无礼的管家会把垃圾直接丢在大街上，让猪或流浪狗去翻食，也让路人深受其苦。

炊具和用具方面，一口大釜、一口铁锅或者铜锅在中世纪各家各户的厨具中，都占有无可取代的地位。汤和炖肉或炖菜，都是在大锅或大釜里烹制的。带有三脚架的锅子是烹制肉食时必不可少的炊具；农户尤其如此，因为下层民众家里没有烤肉叉、烧烤架，或者其他在明火上烹制食物的用具。大户人家的厨房里，还配有数口炒锅。在明火上烹饪时，长柄煎锅这种厨具既很常见，也很实用，因为它们可以保护厨子，使之免受高温炙烤之苦。上层家庭的厨房里还配有各式各样、数量很多的烤肉叉和旋转烤架，适合烹制各种烧烤菜肴。食物也可以用烤架或者铰链式格架来烤制，后者算是中世纪的一种创新。架烤、烘烤和转烤等烹饪方法，主要是城市家庭和少数贵族家的厨房里才用。

刨丝器、研钵和捣杵也是当时的重要厨具。连肉类也可以放到研体里杵碎。筛子和滤布同样必不可少，因为面包、肉类、香料和其他食材都是首先磨碎，然后用纱布过滤，好让食物质地变得嫩滑和没有结块。搅拌和盛汤时，需要用到长柄勺子；切剁肉类和蔬菜时，则要用到菜刀。

在芬兰北部没有修建烟囱的农舍和厨用棚屋里，人们都是靠着最基本的炊具勉强烹制饭菜；传统上，其中包括一个长柄勺子、一把木柄普库刀（puukko）或多功能猎刀和一个研钵，再加上一口古怪的铁锅或炖锅。带腿的铸铁大锅、铰链式烤架和柱塞式搅拌器，都是中世纪时出现的新奇玩意儿；在柱塞式搅拌器中，一次性能够搅拌比以往任何时候都更多的黄油。此时的厨房用具、餐具和食物存储器皿，都由木头、骨头或者动物的犄角制成。在农户家里，热饭热菜都是放在蒸煮锅里端上桌的，凉菜盛于碗中或者木餐盘上。用餐者都自行用手指抓取饭菜，但每个人也有各自的餐刀与汤勺。客人与路过的旅者，都会带着自己的汤勺与餐刀。

芬兰上流社会的家庭和欧洲大陆的上层家庭一样，也拥有一流的炊具与用餐器皿。15 世纪一份关于芬兰南部霍罗拉（Hollola）“百人法庭法官”（Hundred Court Judge）尼尔斯 · 塔瓦斯特（Nils Tavast）的财产清单中，列有22口大釜、数座大得足以烤制整只动物的旋转烤架、炖锅(其中专门有一口用于酿造啤酒）、大水壶、银质高脚杯、牛角杯、6 张桌布，还有无数条用于擦手的毛巾。1562 年的圣诞节前夜，当芬兰的约翰公爵之妻、波兰公主凯瑟琳 · 贾格伦在随从的陪同下抵达图尔库城堡时，她为此行而运送的行李箱中，除了其他东西，还有德国科隆（Cologne）产的桌布、1张带有擦手毛巾的黄色土耳其桌布、54个银质盘子和91个银碗、12 个带盖的镀金敞口杯，还有各种各样的瓶子、碗、勺子和叉子、盐罐、2 个水壶和 1 个脸盆。还有锡制碗碟，供她每日所用。至于炊具，则有 2 口煎锅、4 口意大利炖锅、1 口肉食大釜、1 口布丁锅、1 口鸡蛋煎锅、1 口糕点锅、6 个蛋糕模子、1 把分菜餐叉、2 个漏勺、12 个有盖容器、1 柄蛋糕抹刀；尤其惊人的是，其中竟然还有一些用于装油和装醋的锡瓶。

第 四 章

肉食的魔力

UNDER THE SPELL OF MEAT

图 35

彼得罗·德·克雷桑[1]的画作《在乡下》（*Le Rustican*，1470）中描绘的猪、牛和羊。中世纪的家畜，体形比如今的家畜要小。牛腿比如今的牛腿短，而猪的身体结构也比如今的更加小巧，头部形状则更像是野猪。牲畜是人类日常生活中的组成部分，城镇和乡村都是如此。然而，通过制定市政管理条例，人们对无限制地放养家畜的行为进行了干预，因为这种做法有时会造成混乱。在某些城市里，官方指定的刽子手还身兼另一职责，那就是抓住逃走的家畜。在芬兰西南部的图尔库市，市民耕作的农田都位于市镇边界之外。早上，城中牧民会把居民家里的牲畜集中成一大群去放牧，而到了晚上，主人就会根据牲畜的耳标，将它们领回各家。

① 彼得罗·德·克雷桑（Pietro de' Crescenzi，约 1230—1320），中世纪意大利博洛尼亚的法学家，因撰写过关于园艺和农业的著作而闻名，尤其是《农村福利书》（*Ruralia commoda*）。此书后来在法国国王查理五世的命令下，被翻译成了法语。

到了中世纪晚期，瘟疫和流行病使得人口数量大幅减少，以至于人均可获得的肉食比以前更多了。但即便如此，饮食中富含肉类这一点，仍然让贵族和富裕的中产阶级能够以日益强有力的方式，显示他们在社会中的特权地位。相比而言，基督教规定的斋戒制度和教会的权威，也决定了人们食用肉类的途径。尤其令时人反感的就是过度食用红肉。道学家们努力把红肉与那些令人讨厌、声名狼藉的群体联系起来，试图影响当时普遍的社会态度，因为那些群体往往都放纵无度。比如说，雇佣兵就是这样一个群体。毫无节制地食用红肉，无疑是一种不健康的做法，会导致痛风和其他疾病。

猪肉和鸡肉：全民最爱

中世纪的人曾食用大量的家畜肉类，比如牛肉、猪肉、羊肉，还有禽肉。另一方面，把马肉当作食物的现象在当时却非常罕见。到了中世纪末，牛肉的消费量增加了；可尽管如此，猪肉仍然是人们最普遍食用的一种肉类，在普通农家的正餐中尤其如此。特别是腌肉，人们将腌肉用于各种菜肴当中，但在屠宰牲畜的时候，人们也会食用新鲜的猪肉。猪很适应北方的气候条件，而且作为家畜，猪也很容易饲养，因为它们通常都是自行觅食。人们还将猪肉制成味道不错、能够持久保存的咸肉。

英国的上流社会最喜欢吃猪肉，其次则是成年牛肉、小牛肉和羔羊肉，且后面这 3 种肉类所占的比例相当均衡。在意大利，由于牛肉需要从国外进口，故精英阶层最喜欢吃国内的羔羊肉和猪肉。这些地区性的口味差异，相当准确地反映了当地的物产情况；比如英国的养牛业就得到了充分的发展。

芬兰的养牛业集中在该国西部的可耕作区，而那里的田地也需要粪肥。15 世纪芬兰一座普通农场的畜群，通常都由 2 头用作耕畜的公牛、2—4 头奶牛以及五六只绵羊组成。至于猪和鸡的数量，没有人统计过。根据近代早期的耕牛税统计数据，芬兰的养牛大县主要分布在该国西部和西南部的沿海地区。利沃尼亚（Livonia）是个历史悠久的地区，包括如今拉脱维亚（Latvia）和爱沙尼亚（Estonia）两国的大部分地方；人们在这里的维尔詹迪县（Viljandi County）考古发现的家畜骨头，说明当时的人主要食

图 36

一头公牛，选自《鲁特瑞尔诗篇》。人类以牛奶和牛肉为食，已有数千年的历史。公牛属于驮畜，肉质粗硬。因此，上层社会的筵席上很少以公牛肉入菜。在法国的乡村里，每年的四旬斋前夕都会举行一场庆祝公牛的肥牛狂欢节（Boeuf Gras）；在狂欢节上，人们会把全区品质最优的公牛盛装打扮好，像节日游行那样列队穿过市镇，前往屠宰场。

用牛肉，其次则是普通羊肉和山羊肉、猪肉、鸡肉，还有像野兔、麋鹿和野鹿等各种野味。至于家禽，似乎是专门给维尔詹迪县的富裕市民享用的。人们在如今属于爱沙尼亚的一些中世纪城市[塔尔图、塔林、帕尔努(Pärnu)和哈普萨卢（Haapsalu）]进行动物学考古研究时，发现的主要是牛、猪、绵羊和山羊的骸骨，这使我们相信，当时那些善良的市民还不是贪得无厌的猎手。

在家禽当中，如今几乎所有的家禽品种在中世纪都已为世人所知，只有火鸡除外，因为直到近代，火鸡才从“新大陆”①引入欧洲。最常见的家禽品种就是阉鸡、母鸡、小鸡、鸭子和鹅。人们很重视阉鸡，因为与普通的公鸡相比，阉鸡体形更大、更肥美，肉质也更细嫩；这都是阉割导致的结果。大户人家也很容易吃到野禽，因为人们会到森林中去狩猎野禽，而鸽子和其他飞禽品种则在窝里饲养。森林中的许多鸟类，都被人们看作上流社会的美食。家禽的味道常常也比如今更浓，因为当时的家禽都是放养，可以四下寻觅天然的食物。

例如，德国各个修道院里的修道士，就曾吃掉大量长着各式羽毛的家禽。由于脂肪含量高，故鹅肉被人们当作一种极其美味的肉类。比如说，人们会用大蒜和温柏给鹅肉调味并加以填充，然后放到叉子上烧烤。修道院里的修道士都极其钟爱鹅肝，法国修道士尤其如此。人们给鹅喂食无花果和栗子，使鹅肝变得富含脂肪。修道士们也会用旋转式烤架烤制鸭子，其中填以干果或新鲜水果，或者填以调过味的猪肉、碎面包和鸡蛋。鸽子则用于做汤，或者烹制大馅饼。

高贵的野味

野味是中世纪饮食行业里的一种重要产品。上层人士都对野味推崇备至，尤其是推崇马鹿、野猪和野兔，很喜欢吃这些野味，而不喜欢吃家畜

① 新大陆（New World），即美洲大陆。与此相对，欧洲、非洲和亚洲则为旧大陆。

图 37

图中的人拿着野禽，准备去毛之后进行烹制。城市里有专卖禽类的店铺。每个农户都有自家的鸡舍，城镇居民也会饲养家禽，因为家禽比其他牲畜更易饲养。穷人饲养家禽，主要是为了下蛋。考古研究表明，图尔库的市民曾经饲养过大量母鸡，此外还饲有鸭子、鹅和野禽。

肉。人们通常在七八月猎杀马鹿，因为此时它们最为肥美。马鹿也是一种具有重要象征意义的动物，人们经常把其他的鹿类，比如獐鹿（roe）和扁角鹿（fallow）比作马鹿。在基督教图像学中，《诗篇》42:2 中提出了一个基本出发点：“神啊，我的心切慕你，如鹿切慕溪水。”鹿对溪水的切慕，象征着人类对净化洗礼用水的切慕；因此，在描绘洗礼盘的浮雕作品中，鹿的形象便成了人们最喜欢用到的图案。2 世纪的动物寓言集《怪物图鉴》（*Physiologus*）在中世纪仍然广为流传，书中曾把鹿比作禁欲主义者，说他们“流着悔恨的泪水，浇灭恶魔的熊熊利箭”。在中世纪的教会艺术作品中，正在啃食葡萄藤的那头鹿，象征着在此世就可以分享上帝之仁慈的人类。人们还认为鹿拥有许多异乎寻常的本领，比如能够将蛇从其藏身的洞穴中吸出来。它们还能够一口气喝上 3 个小时的泉水，保护自己不受蛇毒之害，然后再活上 50 年。据说，鹿角不但具有神奇的力量，还能治病；

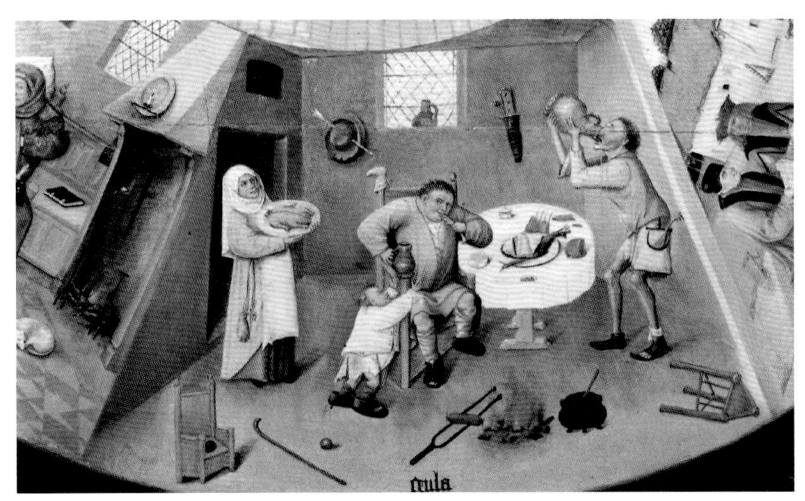

图 38
一位市民家中食用的不同肉类菜肴。火腿、猪蹄和香肠都与猪有关；在这幅画作里，它们被用作贪食的象征。对于中世纪的人来说，贪食似乎成了一种日益严重的罪孽，因为它涉及食欲天性的堕落，并且最终导致道德败坏。

鹿角烧成灰之后，可以驱走蛇虫。再则，据说鹿肉能够退烧，而用鹿的骨髓制成的一种药膏，还能够治疗多种疾病。

野猪肉在当时也备受人们推崇，可猎杀野猪时却是危险重重。成年野猪是一种强壮而凶猛的动物，谁也不知道最终的胜利究竟属于猎人还是属于猎物。人员、马匹和猎狗，常常会在狩猎过程中死亡或者严重受伤。在中世纪，野猪身上附着的象征意义，自然要比典型的家猪更有吸引力。后者即家猪，往往象征着罪恶、贪婪和无知。只有圣安东尼养的那头母猪是个例外，传说它的脂肪治愈了这位未来圣徒所患的疾病。在图像学当中，圣安东尼的母猪还象征着他战胜了种种肉欲和邪恶的诱惑。

到了中世纪晚期，野味不再那么容易获得，因而变得比以往更加特殊，成了上层人士享用的一种特权，成了财富与势力的有力证明，在正式场合下尤其如此。当时人们最常吃的野味就是野禽，因为一年到头都可以捕猎野禽，而与之对比鲜明的是，猎杀大型野兽却会受到限制，目的是保护物种。稀有、体形巨大或者令人印象深刻的禽鸟，比如野鸡、榛鸡、苍鹭、鹤、天鹅和孔雀，尤其为人们所推崇。在中世纪晚期的意大利，富人曾经适度地饲养过孔雀。尽管孔雀肉既干巴又粗硬，却仍是价格最昂贵的野味之一。在英国，自 13 世纪以来，孔雀在餐桌上也享有一定的地位，只是在特殊

场合下，上桌时更多的还是天鹅肉。总而言之，当时许多的鸟类都曾被人们食用，可如今的就餐者是不会愿意自己的盘中是这种菜肴的。小型鸟类也是上层人士饮食中的一部分，那个时代的烹饪书籍中，还提到过画眉、柳莺和啄木鸟。毫无疑问，穷人也吃过这些禽畜，因为当时对狩猎进行监管，要比如今更加困难。在德国那些修道院的修道士当中，烤鹤是一道令人垂涎三尺、欲罢不能的美味，一如体形较小的鹌鹑，春季里尤其如此。人们也曾费劲地用网子去捕捉鸣禽，实际上，许多修道院都位于鸟类迁徙的路线上，修道士们捕捉起鸟儿来更加容易。

图 39
埃夫拉尔·德·艾斯皮奎思[①]所绘的微型禽鸟图，1480 年。在所有可食用的禽类当中，鸣禽和有着美丽羽毛的禽鸟最为人们所钟爱，尽管人们认为，它们的肉质不像鸡肉和其他日常家禽的肉质那么可口。白布丁是当时最受人们欢迎，也属于节庆场合下一道关键的菜肴；其中的基本配料，就是禽肉与杏仁。其中还可以加入大米、米粉和牛奶。做这道菜的基本要求，就是颜色要浅和带有甜味。做成之后，布丁会经过冷藏，并用杏仁或石榴籽进行装饰。

关于腌肉与香肠

一年当中过季的时候，人们也有多种肉食可吃，尤其是腌过的肉类。将腌肉焯水，或者放在水中浸泡，去除其中多余的盐分。据一条古老的意大利谚语称，应当吃嫩肉、食老鱼，而医学知识也支持这种观点。人们之所以看重幼兽的肉，既是因为幼兽的肉质柔嫩，也是出于健康原因。乳山羊、小牛肉和羔羊肉，都备受时人的推崇。养了一两年的猪肉最佳，野猪肉则要比家养猪肉更受人们青睐。学者们认为，动物的肉会随着年龄渐长而变干瘪。野生动物与对应的家畜相比，运动和晒的太阳更多，因而肉质通常也更加温燥。

人们认为禽肉比红肉更有益于健康，因此尤其建议儿童和体弱者食用。在家禽当中，母鸡肉和小鸡肉最受推崇，因为它们具有温湿适度的特点。阉鸡年岁不大的时候肉质最佳；若是老了再吃，阉鸡肉必然会变得肥腻，因为阉割手段减缓了它们自然变干的过程。野禽肉具有温性特点，但有点儿太燥。在人们最喜欢吃的禽类当中，除了林鸟和野鸡，接下来就是像鸭子这样的水禽了。中世纪的人，食用的鸡肉量尤其巨大。

在中世纪的烹饪当中，动物的全身上下都得到了充分的利用：头、脑、

① 埃夫拉尔·德·艾斯皮奎思（Évrard d'Espinques，1414—1494），中世纪德国科隆的一位画家和书稿插画师。

舌、冠、颈、肺、内脏、腹肚、肝、肾、膀胱、睾丸、乳房、乳头、腿、尾巴等，不一而足。除了实际切成了一块一块的肉食，人们还认为动物的内脏完全可以食用，连上流社会所吃的菜肴中也含有内脏。腌肉和肉冻可以用动物的头、脚烹制而成，而经过精心装点和上色之后，它们就成了美观的节日佳肴。为了保存和让味道更加可口，人们还用浓葡萄酒，或者用兑了水的醋来烹制肉冻。鱼鳔、动物的软骨和肌腱，则被用作凝结剂。凝结有助于保存肉冻中的营养成分，而据医学专家称，凝结还与那些特别具有热性特点的食物有关。作为食物，肉冻最适合那些具有湿热脾性的人食用，适合年轻人和南方地区的居民在一年当中的干燥季节食用。

酱料也是用动物内脏制成的，通常都是文火煨制，然后用番红花和其他香料调味。其中偶尔也会加上奶酪。内脏酱在如今仍是一道了不起的佳肴，比如说在诺曼底（Normandy）就是如此。动物的内脏当中，人们不怎么喜欢肺、心脏和肚子，故它们主要用于制作馅饼的馅料和香肠。另一方面，人们对动物肝脏的评价却极高，尤其是禽类的肝脏，使得它们既适合制成酱料，也可给其他菜肴上色。医学科学家认为，动物的大脑不好消化，又很容易变质；可另一方面，若是烹制得当，它们就成了一种营养丰富的食物，可以促进食用者自身大脑的发育。当时尤其受到人们推崇的是小型山鸟的大脑，可如今很少有人食用这道美味。

“香肠”看似是近代才出现的一种概念，可香肠制作技术实际上由来已久。在中世纪，香肠是最受人们欢迎的肉类食品之一，在穷人家的餐桌上尤为普遍。制成香肠之后，肉类的保质期延长了，而作为一种商品，香肠也极其重要。虽说可以买到现成的香肠，但人们也在自家的厨房里制作香肠。此外，人们还认为香肠很适合时尚界举办的盛宴，既可以作为单独的菜肴，也能以之为基础，烹制出人们评价更高的另一种菜肴，从而营造出一种菜肴丰富的印象。意大利的上层人士都很喜欢享用由猪肉、小牛肉或者猪肝制成的肉肠。制作香肠时，馅料通常都是塞进牲畜的肠、肚或者其他内脏当中，形成圆柱状。其中除了肉类，还含有油脂、奶酪、草本香料和调料，而制成后的香肠既可以烹煮、烟熏，又可以放在烤架上烧烤。英国最常见的烹食方式，就是煮香肠；在烹制过程中，英国人经常是用其他情况下不常用到的白开水来烹煮。还可以将香肠切片之后，点上不同的颜色，做成上流社会餐桌上一道优雅的菜肴。

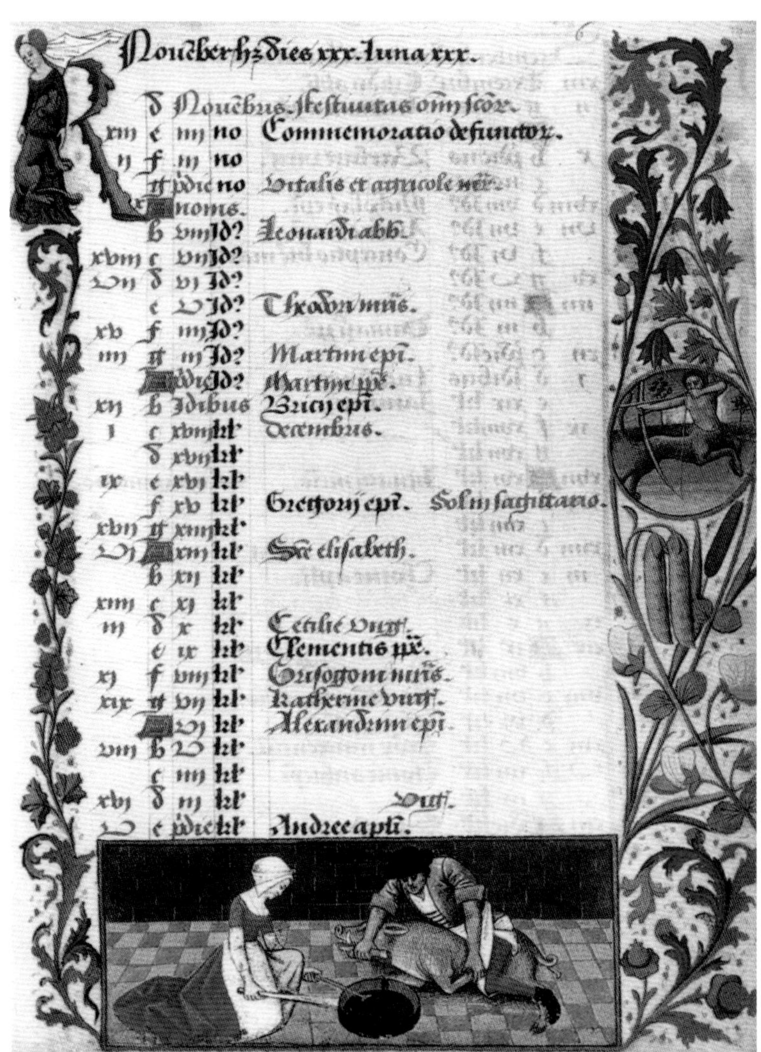

图 40

一位农民宰了一头猪，他的妻子正在用碗接住猪血，选自 15 世纪 80 年代一部挂历中的 11 月份图。将禽畜血液当作食材，这种做法的普遍程度各地不一。在英国，人们可能把禽畜血液当作烹调用汤；可在其他国家，比如意大利，这种做法却不常见。在芬兰，由禽畜血液、面粉和油脂制成的小馅饼、糕点块、布丁和小煎饼，则是历史悠久的传统菜肴。自古以来，北方地区的狩猎社会一直都在利用新鲜的动物血液。16 世纪 20 年代瑞典的林雪平（Linköping）主教汉斯·布莱斯克（Hans Brask）的餐桌上，血肠绝对没有受到食客们的蔑视。在此人举办的晚宴上，人们还吃到了各种各样的肉食：肉饼、炖肉、熏牛排、血肠、填馅烤鹅、四炖鸡肉果冻、榛子松鸡和黄油沙司林鸽。至于甜点，则有葡萄、葡萄干和杏仁，餐后还有蛋糕和鸡蛋奶酪。

动物油灯

在人类还不知电灯为何物的时候，从牛羊身上提取的脂肪或油脂，就是制造蜡烛过程中一个重要的组成部分。秋季屠宰牲畜之后，油脂便被人们留下来制造蜡烛。牲畜的油脂被切成小块，在低火下熔化。粗大的纱线从一根长长的棍子上垂下来，浸在一个装有熔化油脂的高筒中。将部分地成了型的蜡烛冷却，然后浸入油脂当中；如此交替进行，直到获得人们所需的厚度。

人类首次提到蜡烛的时间，可以追溯到 5 000 年前。古埃及人（Egyptians）和克里特人（Cretans）曾将芦苇扎成把，浸在熔化的牛脂或羊脂中做火把。《圣经》中首次提到蜡烛，是与公元前 900 年左右的事件同时提及的。

唯有古罗马人开始有组织地生产具有可燃烛心的蜡烛。他们制造蜡烛的时候，是先在海水中把蜂蜡清洗干净，然后把经过日晒之后软化了的蜂蜡，倒在涂有硫黄的纸莎草烛芯周围。古罗马人使用蜡烛，是为了举行正式的仪式并为室内照明。保存至今且历史最悠久的蜡烛，来自 2 世纪时法国的阿维尼翁（Avignon）。

不久之后，蜂蜡蜡烛便在天主教会中占据了重要的地位，而人们也开始在每年 2 月份的第二天，庆祝所谓的“蜡烛节”（Candle-mas）。到了 12 世纪，油脂蜡烛开始变得与蜂蜡蜡烛一样普遍，成了整个中世纪富裕家庭里主要的照明光源。到了 15 世纪，蜂蜡蜡烛仍然专用于教堂照明，因为那个时代的宗教信仰认为，蜜蜂与天堂有关。

点在教堂里的蜡烛能够焚尽罪孽，驱除邪恶力量，因此许多基本的宗教仪式都需要点燃蜡烛。在一年中天色最阴沉的那几个月里，人们会通过蜡烛上滴下的油脂来预测未来。据说，人们可以在圣诞前夜的烛光下，与恶灵安全地进行交谈。

早在 13 世纪中叶，巴黎就成立了一个烛台制作行会。工匠们都是挨家挨户地上门，用女主人预先留出的油脂制作蜡烛。100 年之后，人们开始使用蜡烛模具。然而，将纱线浸在熔化的蜂蜡当中来制作蜂蜡蜡烛的方法，却一直沿用到了 20 世纪，要到人们发明了让生产变得便利的硅胶之后才销声匿迹。19 世纪时，法国化学家米歇尔·尤金·切弗罗尔（Michel-Eugène Chevreul）发现了从动物和植物脂肪中分离出硬脂酸的方法。结果，无色无味的硬脂很快就在蜡烛生产中取代了动物油脂，因为动物油脂很容易变质发臭。棉纱烛芯也已取代了纸制烛芯和细绳烛芯。

从简朴的炖菜到奢华的烧烤

中世纪一些烹饪书籍的内容，体现了当时人们对肉类的重视，因为其中经常有高达 $1/3$ 的食谱都是烤肉、肉汤或炖肉的食谱。当时，大多数可口的烘焙食品中都含有肉类，而许多的蔬菜菜肴中也添加了肉类。含有禽肉，尤其是含有鸡肉的食谱，比其他任何食谱都更具特色。通常而言，这些食谱都建议人们要把肉完全煮熟。

农民通常都是把肉类煮着吃。即便是质地粗硬的肉类，在文火慢炖之下也会变得软和适口，而品质中等的肉类，煮着吃也要比烤着吃更好。一般说来，人们都认为煮熟的肉菜不如烤制的肉菜，认为前者更适合日常食

图 41

1356 年布鲁日屠宰行会的印章。屠宰大师协会是中世纪城市里颇有实力的行会之一，其中的会员都是富甲一方，并且具有社会影响力。例如，据说仅在巴黎一地，1336 年就屠宰了 25 万头牲畜。职业屠夫的日常工作有法律加以规范，他们结束一天工作之后，必须将所有未售出的肉类处理掉。为了不让肉类变质，屠宰牲畜之后，马上就会把血放干。

用，而不适合盛大的宴会。

全烤宴成本昂贵，只在举办盛宴时才有；此时，人们切碎、剁碎或者磨碎的用于烹制炖菜、酱料、煎饼和馅饼的肉类一般都比较少。正如前文所述，在明火上烧烤烘焙，是上层人士和城市家庭中厨房里的烹饪方法，农村地区和普通百姓家中通常都不会这样烹饪。然而，从纯技术的角度来看，烧烤其实是一种非常简单的烹饪工艺。

在上流社会举办的宴会上，烧烤往往都是一道主菜。旋转烧烤很适合在用明火做主要热源的季节里进行，或者在没有配备烤炉的厨房里进行。为了让肉类保持鲜美多汁，人们必须防止肉类变干，因此在烹制之前，他们常常会给肉类涂上一层油脂。在烤制过程中，人们还会频繁地往肉上涂抹软化的油脂，或者其他的液体。烤制之后，肉类可能还要上浆，或者塞入其他食材，以便进一步锁住肉中的水分。人们还有可能在涂抹油脂和进

图 42

在这幅 14 世纪的插画中，人们正在把熟肉切开，摆到上菜的盘子里。把肉食切成小份是男人的工作，贵族最好是年轻时就学会这门手艺。切分动物腰部时用的是一种方法，而切分动物的臀部、颈部、胸部和头部时，用的又是另一种方法。野鸡、鹧鸪和鸭子的切分方法，也各不相同。至于享用肉食，礼仪指南则指出，人们可以谅解小狗用牙齿撕咬骨头的做法，但举止有礼的用餐者却应使用餐刀。用餐者应当在盘子里把肉食切成小块，然后就着面包咀嚼一会儿，再咽下肚去。之所以发布这些指导原则，既是为了保持礼貌，也是为了有益于健康。

行烧烤之前，将肉类焯水至半熟，目的是尽量让肉类变得柔嫩适口。负责烧烤本身就是一项令人肃然起敬的任务，而王室烤肉师和切肉师的头衔，也备受世人景仰。当时，处理烤肉是上层社会里的年轻人所受教育中的组成部分，而在王室宫廷里，切肉师一职也是由骑士担任。

早在中世纪，人们就将某些肉类与一年当中的特定时节关联起来了；比如说，猪肉和鹅肉在降临节和圣诞节吃，羔羊肉则在复活节吃。尽管中世纪的人着迷于肉食，他们常常也会将不同种类的肉食拼制成同一道菜肴；这种做法，甚至可能比如今更加常见，更加不拘一格。比如说，在一场宴会上，为了给就餐者留下最深刻的印象，禽肉中可以填上牛肉，且每份菜肴都与培根搭配上桌。香肠还可以放在一份切好的肉食之下，而禽肉中也可以填上猪肉。一餐当中的所有菜肴全为肉食，人们是完全可以接受的。比如说，1393 年，巴黎曾为贵族士绅和城市中产阶层举办过一场宴会，当时的菜单中，就列有骨髓馅饼、熟肉烧烤、串烤野味、鸡肉馅饼、蜂蜜杏仁乳配鸡肉大米布丁、鹿肉块，以及其他的美味佳肴。

肉食与盛宴

正如前文所述，人们曾经把吃肉与中世纪的节庆场合及暴饮暴食明确地关联起来。人们在斋戒期内必须忍受旷日持久的节食，吃肉正是其缓解之道，而在平时与节庆时，人们所吃食物的数量与质量，也具有明显的差异。

那个时代的王室盛宴留存下来的一些细节，一直都让今人颇为神往。1403 年伦敦为英国国王亨利四世（Henry IV）和纳瓦拉的琼（Joan of Navarre）举办的婚宴上，菜单中就列有一些非同寻常的肉类菜肴：

1. 香菇酱肉片、肉抓饭、小天鹅、阉鸡、野鸡
2. 酸酱鹿肉、肉冻、猪肉、乳兔、麻鸦、榛子松鸡、白煮肉
3. 烤鹿肉、山鹬、小嘴鸻、兔肉、鹌鹑

图 43
统治阶级举办的宴会消耗了大量的肉食。孔雀、阉鸡和鹧鸪成了宴会富丽堂皇的标志。

1368 年在米兰（Milan）举办的加莱亚佐二世维斯康蒂[①]的女儿薇奥兰特（Violante）和克拉伦斯的莱昂内尔公爵（Duke Lionel of Clarence）的婚宴上，菜单中也列有道数相当可观、装饰奢华的肉类菜肴：

第一道：镀金喷火猪肉和镀金海螺

第二道：镀金且双眼金黄的兔子和镀金梭子鱼

第三道：镀金小牛肉和镀金鲑鱼

第四道：镀金鹌鹑和榛子松鸡，加上镀金烤鲑鱼

第五道：镀金鸭子、苍鹭和镀金鲤鱼

第六道：大蒜醋汁酱牛肉、大蒜醋汁酱阉鸡和鲟鱼汤

第七道：柠檬酱阉鸡、柠檬酱烧肉和柠檬酱焖丁鲷

第八道：奶酪牛肉饼和鳗鱼饼

第九道：肉冻和鱼冻

第十道：肉布丁、河鳗布丁

第十一道：烤羊羔和烤海针鱼

第十二道：香辣野兔、香辣羔羊和银色香辣什锦鱼

第十三道：鹿肉和牛肉砂锅、鱼片

第十四道：红绿酱汁焖阉鸡、焖小鸡肉配橙子、丁鲷鱼片

第十五道：孔雀和卷心菜配豆子和口条泥、鲤鱼

第十六道：烤兔子、烤孔雀和烤小鸭、烤鳗鱼

第十七道：乳清奶酪、水果和樱桃

① 加莱亚佐二世维斯康蒂（Galeazzo II Visconti，约 1320—1378），意大利维斯康蒂王朝的君主之一，曾是米兰的统治者。

北欧国家中的肉类菜肴

北欧各国中，人们都是在夏季和秋初储存过冬所需的肉食。鲜肉主要是在秋天的屠宰季里供应，此时人们会把大部分鲜肉进行腌制或者熏制，以备日后食用。野味通常都是晒干，方法跟干鱼相同。农民用野味、粥和加肉的豆类菜肴来庆祝特殊的日子，而家境殷实的富人则会享用全烤宴和用各种高汤焖炖的大块肉食。

16 世纪的哈姆与图尔库两座城堡的账簿上，都有咸肉、熏肉、干肉和鲜肉的条目，列有成年牛肉、小牛肉、普通羊肉和羔羊肉、普通猪肉、猪排、火腿、培根与乳猪肉等不同类型的肉类。北欧各国的人显然也很喜欢食用动物的肚肠和其他内脏，因为账簿上接下来还提到了牛舌、羊心和牛心、肝脏、肺和毛肚。当时的人也食用香肠，比如肝泥肠、血肠或者肉肠，因为德国人已经把香肠制作手艺传给了芬兰西部的居民。关于芬兰香肠制作情况的最早记载，可以追溯到 16 世纪 40 年代，源自哈姆城堡和科凯迈基庄园（Kokemäki Manor）。至于野味，哈姆城堡的账簿中提到了鹿肉、野兔和野鸡，而家禽当中则提到了鹅和母鸡。

据 1546 年的账簿所载，除了牛舌，鹅胸肉、鹅大腿和鹅掌都属于图尔库城堡那位行政长官餐桌上的美味佳肴。其手下各色人等所吃的肉菜，则有成年牛肉、普通羊肉、公山羊肉和公绵羊肉。1563 年，约翰公爵享用过的菜肴主要是火腿、培根、牛脊和牛舌、内脏、野兔、野鸡、鹿肉；其间，他只吃过一次獐鹿。图尔库城西南的瑞萨罗岛（Ruissalo），是王室指定的娱乐休闲与狩猎场地。为了满足约翰公爵的狩猎兴味，那里还特意引入了马鹿和其他野兽。除此之外，食用鹿肉的现象在中世纪的图尔库并不常见，因为鹿群当时已经被人们猎杀到了几近灭绝的程度。

根据米卡尔·阿格里科拉在《鲁库斯基里亚祈祷书》里的训诫，为了保持健康，北欧民族不应当在每个季节里都食用所有的肉类。比如说，2 月应当不吃鹅肉和野鸭；同样，6 月和 7 月应当不吃牛羊板油、腌肉和炒肉。

第 五 章

深海的馈赠

BOUNTIES FROM THE DEEP

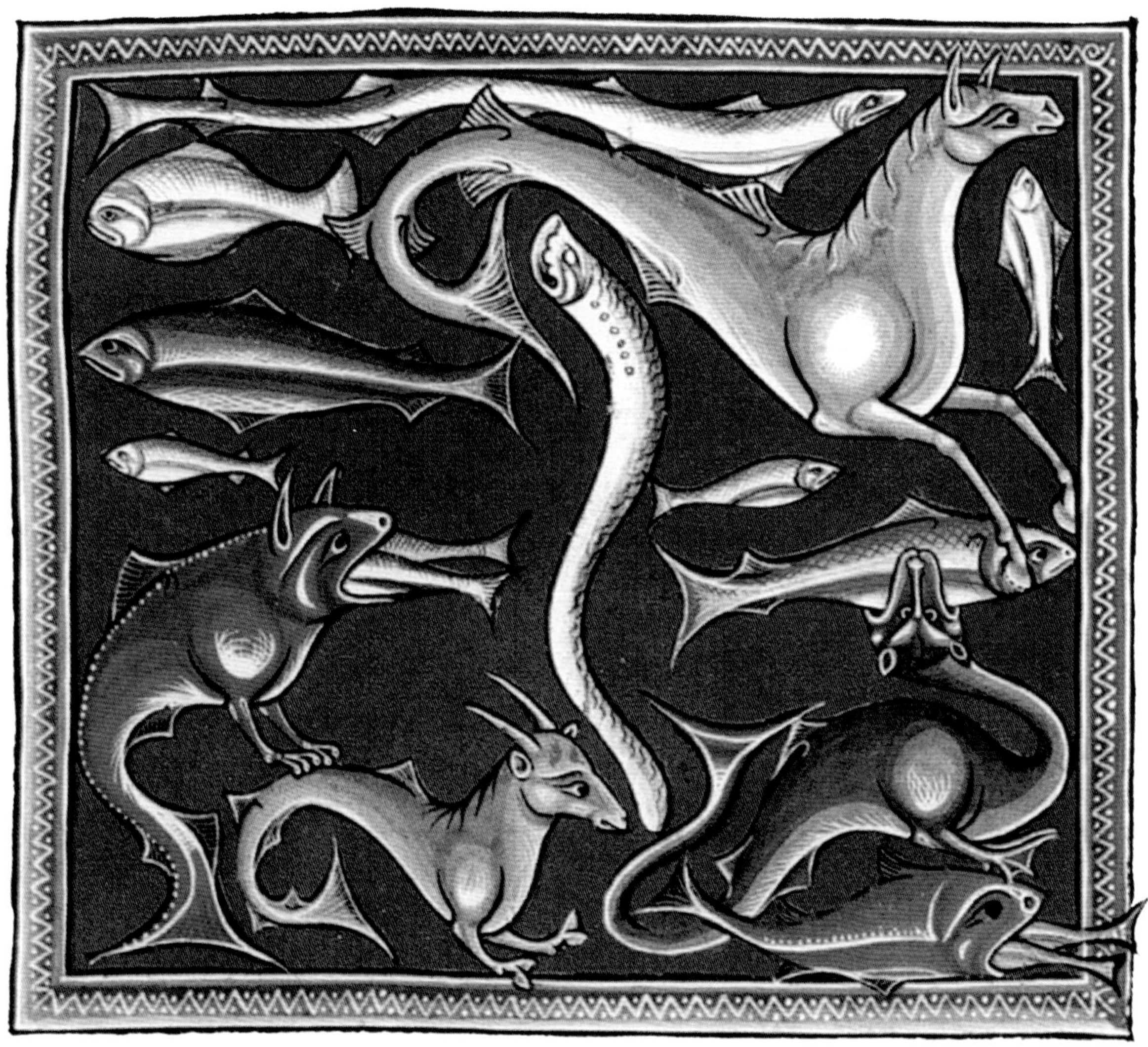

图 44

海洋是鱼类的王国。在中世纪的人类看来，海洋既魅力无穷，又危险重重。阿提（Ahti）或阿托（Ahto）是芬兰的海神和水神。古时的芬兰人在漂洋过海去打鱼或者捕猎海豹时，都会向这位神灵祈祷，希望海神保佑他们成功。在古老的芬兰民间故事集《卡勒瓦拉》（*Kalevala*）中，阿提是一位摄政王和英雄人物，但在许多情况下也被称为“莱明凯宁”（Lemminkäinen）；后面这个角色，其实是由数位单独的英雄人物组合而成的。阿提住在水下王国“阿托拉”（Ahtola）。他的妻子叫作维拉莫（Vellamo），两个女儿分别是安妮基（Annikki）和爱塔尔（Ahitar）。神话中的水下怪物，则被称为“维提希宁”（Vetehinen）和“伊库图尔索”（Iku-Turso）。

随着基督教的传播以及天主教会控制力度的加强，中世纪人们食用鱼类的现象也日益增多了。在一种受到了强制斋戒规范的饮食文化中，鱼类扮演着一个重要的角色。中世纪的人认为，鱼类与忏悔有关：这种来自深海的湿冷生物，可以保护人类的肉体，使之不至于变得过度放纵。

教会的初衷是世俗基督徒应该把斋戒当作一种本质上自愿的个人忏悔来加以践行。各个修会和宗教团体则是另一回事。当然，教皇应当以身作则，为别人做出榜样才是；因此，在 12 世纪和 13 世纪，教廷还颁布了典礼方面的法令，其中规定了教皇在整个礼仪年度的饮食。在“耶稣受难日”（Good Friday）那一天，教皇既不能喝酒，也不能吃熟食，只能喝水、吃面包和蔬菜。人们曾经以为，中世纪的神职人员都只吃鱼；然而，宗教精英和世俗上层社会的饮食习惯，其实往往非常相似，而在正式的斋戒期之外，绝大多数高级神职人员对肉类也是来者不拒的。

阿维尼翁教廷（1303—1378）[①]保存至今的账簿表明，除了精美的

① 阿维尼翁教廷（Avignon papacy），指中世纪在法国南部边境教皇国飞地阿维尼翁设立的一个教廷，先后有 7 任教皇驻于此地。14 世纪初，由于西欧各国封建政权与罗马教皇之间争夺权力的斗争很激烈，故在法国国王腓力四世（Philip IV，1268—1314）的压力之下，罗马教廷选立了一名法国籍大主教为教皇，即克雷芒五世（Clement V，约 1260—1314），但此人一直没有前往梵蒂冈，并于 1309 年将教廷迁到了阿维尼翁。这是教皇与世俗君主争权失利的结果，导致出现了罗马与阿维尼翁两地教廷并存的现象，直到 1377 年，教皇格列高利十一世（Pope Gregory XI，1329—1378）才将教廷迁回罗马。

肉食，教皇的厨房里还有稳定而充足的鱼类供应。这些鱼类都来自附近的河流、湖泊以及地中海，甚至还有来自大西洋的鱼类。1320 年，教皇曾派其侄子前往拉罗谢尔[①]，执行押运鳕鱼和鲱鱼回来的任务。教皇若望二十二世（Pope John XXII，1316—1334 年在位）曾经多次征取鳗鱼和地中海金枪鱼，只是后来的历任教皇却没有过分沉迷于这种嗜好罢了。强盗们也对运送给教皇的鱼类很有兴趣，曾在 1383 年的一次运送中劫走了 70 桶凤尾鱼。

淡水鱼与海鱼

中世纪的人消费的鱼类数量极其巨大，因此有的时候，这种商品甚至会出现短缺的状况。尽管捕鱼的水域与狩猎场地类似，在一定程度上受到

图 45
圣吉多（St Guido）款待拉文纳主教吉贝拉尔多（Bishop Geberardo of Ravenna）的宴会上，就有鱼类菜肴。选自里米尼·马斯特（Rimini Master）所绘的一幅画作。

① 拉罗谢尔（La Rochelle），法国西南部的一个海港。

了法律法规的约束，但对打鱼水域的约束通常都比较宽松，故与狩猎相比，不同社会阶层都能更加自由地捕鱼。欧洲那些盛产鱼类的河流，被分成了一个个捕鱼区。河中捕捞的淡水鱼备受时人推崇，梭子鱼、鲑鱼和鳗鱼尤其如此，内地城镇的市场和村庄里售卖的这些鱼类，通常都没有经过加工。自然，当时源自大西洋与地中海的渔获也很充足；但海鱼难以长途运输，因为它们很快就会变质。

图 46

一个用于储存的鱼塘，选自 15 世纪的一幅佛兰德斯插画。

人们居住的地方距海洋越远，淡水鱼在他们的生活中就越重要。当然，内陆地区也有鱼类供应，但这种供应既缓慢，又麻烦。为了方便获得淡水鱼，统治阶级和修道院曾大兴土木，修建了水库和鱼塘，自行养殖鱼类。许多大地主也有自家养鱼的湖泊，其中放养的都是最常见的淡水鱼类。光是 1187 年，佛兰德斯伯爵那些声名赫赫的渔湖中就出产了 26.4 万尾鳗鱼，其中的大部分鳗鱼都被卖掉了。毫无疑问，养鱼在当时是一种非常重要的产业。

腌制或晒干的海鱼比淡水鱼便宜，因此被人们用于日常烹饪当中。鲱鱼和鳕鱼是欧洲最常见的海鱼产品；而一些价格昂贵的海鱼珍品，比如鲨鱼肉，则只有富人和那些想要让就餐者留下深刻印象的人，才会将它们端上餐桌。

中世纪的意大利与英国都有品种极其丰富的海鲜产品，其中包括梭子鱼、鲈鱼、鲷鱼、鲑鱼、鲤鱼、鳗鱼、鲮鱼、黑线鳕和丁鲷，还有其他一些水生生物，比如软体动物、甲壳类动物和小龙虾，并且意大利还有章鱼

图 47

14世纪晚期一幅手稿插画中的鱼贩。在中世纪的城市里，买到新鲜鱼类常常是一件没有把握和很成问题的事情。中世纪的集镇上有专门的鱼商，他们既卖淡水鱼，也卖海鱼。鲜鱼价格昂贵，且很难买到，局势动荡时尤其如此。1417 年秋季法国因内战爆发而变得四分五裂时，鱼类与其他商品在许多地方都出现了短缺，陷入围困的巴黎也是如此。《巴黎中产阶级杂志》（*Journal d'un bourgeois de Paris*）的匿名作者，曾经撰文哀叹首都物价的飞涨：1 磅①加盐黄油的售价如今高达 2 个苏②，两三个鸡蛋就要 4 个苏，而一小筐发酵的波罗的海鲱鱼则要 6 个第纳尔（denier，1 个苏等于 12 个第纳尔）。新鲜的波罗的海鲱鱼，每条售价 3—4 个白朗（blanc），而劣等波罗的海腌鲱鱼每条售价也达到了 2 个白朗（1 个白朗约合 5 个第纳尔）。就连葡萄酒的售价，也从 8 月的每标准杯 2 个第纳尔，涨到了 9 月的 4—6 个第纳尔。

① 磅（pound），英制重量单位，1 磅约合 0.46 千克。

② 苏（sous），法国旧时的一种低面值硬币。

和鱿鱼，不一而足。在意大利，人们认为鳗鱼、七鳃河鳗和鲟鱼优于三文鱼、梭子鱼和加尔达湖（Lake Garda）鲑鱼，而不同种类的腌金枪鱼，则最为意大利人不喜。英国的上层人士却特别喜欢鲟鱼、三文鱼、梭子鱼和鳗鱼，甚至达到了三文鱼捕捞需要受到监管的程度，因为人们认为，保护三文鱼种群不致灭绝是一件非常重要的事情。鲷鱼和七鳃河鳗的口碑也很不错，因为它们都获准登上了王室的餐桌。

由于斯堪的纳维亚半岛被一条条水道和一座座湖泊包围和分割开来，因此那里拥有多种不同的鱼类。在北欧各国，人们所用的捕鱼工具，有渔网、三齿鱼叉、木制或骨制鱼钩、网兜和鱼栅。人们在岸边、在船上或者走到水中时，一般是用鱼叉捕鱼。三齿鱼叉多用于捕获梭子鱼、鲷鱼和三文鱼，但也可用于捕获淡水鳕鱼、圆腹雅罗鱼、河鳟与白鲑。鱼类产卵的时候，用网兜捕捞效果最佳：鱼群会被人们赶到一片水流平缓的河段，然后被网兜拉出水面。胡瓜鱼、白鲑和鲈鱼尤其适合用网兜捕捞。

在北方的寒冷海域，人们都是用拖网捕捞三文鱼、鲭鱼和鳕鱼。英国的渔船甚至前往遥远的冰岛海岸捕鱼；汉萨同盟封锁了所有前往挪威沿岸的捕鱼通道之后，情况尤其如此。在诺福克（Norfolk）和林肯郡（Lincolnshire）的南部沿海，人们都用拖网捕捞鲱鱼；15 世纪 70 年代波罗的海地区的鲱鱼数量锐减之后，这些海域就变得更加重要了。人们还在北方海域捕杀鲸、鼠海豚和海豹。当时的人认为，它们都属于鱼类；其实，那是由于当时各种斋戒规矩大行其道，人们形成了一种实用性的理解而已。到了中世纪末期，上层人士开始瞧不上他们所吃的鲸肉与鳕鱼；不过，鼠海豚却依然保留着它是斋戒期间一道特色菜的美誉。鼠海豚同样适合其他的盛大场合，比如 1403 年伦敦为英国国王亨利四世与纳瓦拉的琼举办的婚宴上，菜单中列有各种各样的淡水鱼和海鱼，就成了此宴的显著特点：

第一道菜：腌鱼、味道浓郁的七鳃河鳗、梭子鱼、鲷鱼和烤三文鱼

第二道菜：鼠海豚、鱼肉冻、鲷鱼、三文鱼、海鳗、杜父鱼、比目鱼及河鳗馅饼

第三道菜：丁鲷、鳟鱼、煎鲽鱼、鲈鱼、烤七鳃河鳗、泥鳅、鲟鱼和螃蟹

腌制的波罗的海鲱鱼是芬兰北部地区一种重要的出口产品。另一方面，鳕鱼一般是晒干之后才运往海外，但那里出口的梭子鱼中，既有活梭子鱼，也有干鱼。16 世纪中叶，斯德哥尔摩（Stockholm）人所吃的鳕鱼和波罗的海鲱鱼里，产自芬兰西南沿海海域的多达一半，有时比例甚至更高。咸鱼和干鱼非但是人们的日常吃食，也是他们向瑞典王室缴纳税赋的一种重要手段。

炖锅、煎锅与烤架：鱼的烹制

在中世纪，人们曾用多种多样的方法来保存鱼类，比如发酵、晒干、烟熏和腌制，目的就是做到全年都有鱼可吃。由于有斋戒的规定，因此烹制鱼类菜肴的食谱，就在中世纪的烹饪书籍中占有相当大的比重。尽管人

图 48

北欧地区捕捞梭子鱼的场景，选自 16 世纪的一幅木刻版画。在芬兰的图尔库与哈姆这两座王室城堡，厨房里不但会烹制腌鱼与干鱼，也会烹制熏鱼与鲜鱼。它们 16 世纪的账簿中，提到了鲈鱼、鳗鱼、梭子鱼、比目鱼、胡瓜鱼、鲷鱼、三文鱼和三文鱼子、干鳐鱼、白鲑和白鲑鱼子、波罗的海鲱鱼和北大西洋鲱鱼、斜齿鳊鱼、圆腹雅罗鱼、鳕鱼和文鳊鲷鱼，同时还有各种各样的咸鱼，以及用叉子在明火上烤干的鱼类。1546 年，图尔库城堡那位行政长官所吃的，除了挪威干鳕和干鲷、雅罗鱼和鲱鱼之外，还有三文鱼、腌鲈鱼，以及其他一些经过精挑细选的咸鱼。仆人们就餐时，一班人等所吃的则有腌三文鱼、腌白鲑和各种各样的鱼子。1563 年，约翰公爵的餐桌上除了其他菜肴，也有三文鱼、鳕鱼、波罗的海鲱鱼、熏白鲑，以及产自瑞典最南端那个省的斯科讷[①]鲱鱼。

① 斯科讷（Skåne），瑞典如今最南部的一个沿海省，其首府马尔默（Malmo）是瑞典的第三大城市。

们认为鱼类并不像肉类，不是上层社会喜欢享用的菜肴，但在 15 世纪的某些烹饪书籍中编纂的烹饪指南里，仍有高达 ¼ 的食谱都是关于烹制鱼类菜肴的。

鱼肉既可以水煮，可以用铁锅或铜锅煎炒，可以用烤架烧烤，也可以包在馅饼里或者裹上面糊来烘焙；简而言之，就是我们可以用许多方法来烹制鱼类。小鱼尤其适合放在铰链式烤架中烧烤，因为它们不用清理，可以整条烹制。用平底锅煎炸时，人们会用植物油作为烹调用油，并且通常都不会将鱼肉裹上面包屑，或者裹上面粉。由于鱼肉具有湿寒的特性，故医学专家都大力推荐人们煎炒或者烤制鱼肉，且食用时还应配上富含性质温燥的调料与草本香料的酱汁。若是水煮，就应彻底煮透，因为鱼肉具有独特的湿性。为了不让鱼肉煮碎煮烂，人们都是用低火烹煮，通常只加少量的水，有时还会加入醋或者葡萄酒。在英国，人们有时也会用啤酒煮鱼。

鱼类的内脏也得到了充分的利用，比如用来做汤或者做酱料。除了鱼鳔，各种各样的鱼子也被用在糕点和鱼类菜肴的凝固过程中，而鲟鱼子则被用来做鱼子酱；与如今完全一样，鱼子酱搭配吐司面包这样的东西食用，也是一道美味佳肴。鱼类可以烹制成可口的鱼冻和不同种类的香肠，供富

图 49　阿尔布雷希特·丢勒[①]所绘的螃蟹。

① 阿尔布雷希特·丢勒（Albrecht Dürer，1471—1528），北方文艺复兴运动中的德国画家、版画家及木版画设计家、艺术理论家，留下了成百上千幅杰作并著有《人体比例研究》等作品。

人在斋戒期间享用，烹制方法与肉类无异。在专为斋戒烹制的白布丁当中，鱼肉取代了禽肉；英国的食谱也推荐使用鲈鱼、黑线鳕或者龙虾，作为白布丁的主要原料。斋戒期间的一顿饭，最后吃的通常都是坚果，因为坚果的性质正好与鱼肉相反。然而，最后一道菜也可以是性温的苹果与梨配甜点。本书列举的鱼类食谱中，都含有数种可以抵消鱼肉那些“危险”特性的食材与调料。

牡蛎和贻贝也被人们用来烹制食物。当时，牡蛎在富人当中大行其道，但穷人偶尔也买得起。贻贝和其他贝类则是调味后做成汤，或者与其他食材混合烹制，比如鸡蛋、葡萄酒、杏仁、面包片，再配上各种异国香料。淡水龙虾、对虾和龙虾也可以在烤炉里烘焙烹制。在英国，绝大多数鱼类菜肴都是作为凉菜上桌；而在意大利，鱼类、甲壳类动物和贻贝通常都属于热菜，只有鱼冻肉冻是作为凉菜食用的。

根据中世纪的医学观点，鱼类并不是一种特别有营养或者特别值得推崇的食物。然而，由于教会制定了种种斋戒的规定，故医学专家的观点对当时人们的饮食几乎没有产生多大的影响。人们通常相信，海鱼比淡水鱼更有益于人类的健康，因为据说海水的盐度对这种天生具有湿性的生物会产生干燥作用。

如今留存给我们的菜单与食谱集中的鱼类菜肴，都尤其体现出了中世纪上层社会的烹饪价值观与传统。在21世纪的读者看来，有些菜肴听起来会美味可口，其他一些菜肴却会给人留下非常离奇的印象。在1393年巴黎为士绅和城市中产阶级举办的一场盛宴上，宾客们吃的是鳕鱼肝和骨髓馅饼、调味汁烧鳗鱼、鼠尾草酱冷鱼、鲷鳗馅饼、辣酱蘸河鳗、煎鲷鱼配奶油馅饼和鲟鱼，还有其他的各种海鱼和淡水鱼。在近代初期德国举办的一场宴会上，就餐者享用的则是油煎提子鳕鱼、油炸鲷鱼、椒盐鳗鱼、芥末烤波罗的海鲱鱼、酸汤鱼、姜汁炖鲤鱼、梭子鱼和鳟鱼。

有了各种不同的鱼类相助，就餐者的社会地位就可以按照上肉菜时的相同原则来加以体现了。比如说，在诺森伯兰伯爵亨利·珀西（Henry Percy, Earl of Northumberland，1341—1408）家，斋戒日里主人夫妇早餐是吃烤鲱鱼或者鲱鱼菜肴，他们的近亲属吃的是小鲱鱼和腌鱼，而家中地位最低的仆役，却只有腌鱼可吃。

图 50

在德克·勃茨的这幅画作中，抹大拉的马利亚[①]正在用她的眼泪和头发为耶稣洗脚，这象征着她的谦卑与忏悔。这幅画作乃是受右侧跪于门边的那位修士委托而绘制的。放在桌上的鱼，暗指耶稣和“最后的晚餐”。“耶稣鱼”（Ichthys）这个词在古希腊语中指的就是“鱼”，但它也是由“Iesous Christos Theou Hyios Sootēr”这一长串单词的首字母组成，意为“基督、圣子和救世主耶稣”。因此，早期的基督徒都把鱼当作耶稣的秘密标志，即象征着基督教思想的表意符号。这个图案在早期基督教的数座纪念碑上和地下墓穴当中都出现过。鱼也频繁出现在《圣经》当中，比如经文中提到过彼得捕鱼（《路加福音》5:1—11），以及其他与鱼相关的神迹（《约翰福音》6:1—12，《多俾亚传》[②] 6:1—9）。耶稣及其使徒，就是人类灵魂的渔夫。在中世纪的神学象征主义中，鱼变成了喻指基督教所提倡的禁欲与忏悔的象征。鱼还是一种食物，复活后的基督本人曾经吃过，故鱼也成了基督教视觉艺术当中“最后的晚餐”的象征。鱼类生活在海中，故它也涉及了洗礼这种宗教仪式。据早期基督教作家图尔德良（Tertullian，约155—222）称，刚从洗礼的圣水中脱胎换骨、皈依了基督教的人，就像一条小小的鱼儿，而小鱼正是基督本人的形象。在中世纪的艺术作品中，鱼也是众多圣徒的独特标志，其中包括海员的主保圣徒圣布伦丹（St Brendan，约489—约583），还有帕多瓦的圣安东尼（St Anthony of Padua，1195—1231），据说此人曾在鱼类中传播过福音。

---

① 抹大拉的马利亚（Mary Magdalene），《圣经》中的一个人物，据说耶稣基督在她的身上驱走了7个恶魔，《路加福音》中认为她是一名罪妇，而在基督教传统中，人们则认为她是一名妓女。

② 《多俾亚传》（*Tobias*），东正教《圣经·旧约》的一部分，但不包括在新教的《圣经·旧约》里。它描绘了一个被充军到亚述的以色列家族的故事，亦译《多比传》。

为冬而储：北欧的鱼类保存技巧

发酵和干燥曾是鱼肉保存的传统方法，且广泛用于遥远的北欧地区。芬兰有一种说法，我们姑且将其理解为“潜伏”（lying fallow），指的就是放起来进行发酵的鱼。该国的历史资料中，提到发酵鱼的情况没有干鱼那么频繁；至于原因，就在于前者很少用于缴纳税赋，只是用于家中食用。

干燥是一种比发酵应用得更加广泛和更为实用的保存方法，因为这种方法有利于鱼的运输和储存。在芬兰，干鱼通常被称为“卡帕卡拉”（*kapakala*），即“鱼干”（stockfish），干燥过程在口语中则称为“卡帕米农”（*kapaaminen*）。古北欧语中的“索尔斯克”（*thorsk*）、“托尔斯克”（*thorsk*）和“吐尔斯卡”（*turska*）等词，指的全都是“鳕鱼”，这证明了干鱼在斯堪的纳维亚半岛上的核心地位，因为它们都可以追溯到印度—日耳曼语系（Indo-Germanic）中的动词“特尔斯”（ters），即“干燥”。在斯堪的纳维亚半岛16世纪的文献资料中，干鱼有好几种名称，比如淡干鳕（*torrfisk*）、“托拉嘎多耳”（*torra gäddor*，即干梭子鱼）、“托尔伊德”（*torr idh*，即干雅罗鱼）、“克兰佩西尔”（*krampe sill*，即干缩了的鲱鱼）和“斯培特费斯克”（*spettfisk*，即在叉子上晒干的鱼）。在有些账簿上，干梭子鱼指的经常都是芬兰梭子鱼，也即芬兰狗鱼（*finska gäddör*）。

通常来说，干燥过程都是在户外进行，包括风干和晒干；只是到了近代，烘干才成了常见的方法。不管大鱼小鱼，当时都是在户外进行干燥的。人们把鲷鱼、梭子鱼和梭鲈这样的大鱼剁开，用棍子挂在房屋外墙上晾晒。它们也可以挂在板条上，或者直接钉在墙上。像鲈鱼、斜齿鳊鱼和波罗的海鲱鱼等较小的鱼，是串在细绳上晾晒。像欧鲌鱼、胡瓜鱼和白鳟等体形最小的鱼类，则是铺在木板上或者放在篮子里，放到太阳下晒干。

干鱼可以生吃，既可以在外出时放在所带的饭食里做下饭菜，也可以在拜访别人时带去，当礼物送给主人。冬季里，干鱼是人们喝汤或者享用炖菜时的上好配菜，而到了饥荒年份，干鱼粉也可以添加到制作面包的面粉中去。然而，更加常见的做法还是在食用之前把干鱼烹熟。体形最大的鱼，比如梭鲈、梭子鱼和淡水鳕，则被用于制作北欧碱鱼（lutefisk）。

人们有多种方法来储存干鱼。较大的干鱼挂在房梁上，较小的干鱼放在编织的篮子里。即便是晾晒干燥之后，鱼类也可以再进行腌制，然后用一块石头，将鱼儿压在盐桶里。换言之，干燥与腌制这两种方法有相辅相成的作用。在 16 世纪 50 年代的芬兰王室庄园兰塔萨米尔（Rantasalmi），人们的惯常做法是把春天捕捞的鱼类晒干，秋天则把捕到的鱼获进行腌制。瑞典古斯塔夫·瓦萨[①]手下的大臣雅各布·拉尔森·泰特（Jakob Larsson Teit），在其 1555—1556 年对贵族不端行为进行的一连串控诉当中，曾经提到过腌鳕鱼、腌波罗的海鲱鱼、干梭子鱼和佩纳亚（Pernaja）胡瓜鱼，以及干波罗的海鲱鱼、干鲈鱼和干斜齿鳊。

与晾晒相比，腌制是一种出现得较晚的保存方法。关于这个问题的最早文献记录，可以追溯到中世纪晚期。食盐价格昂贵，需求量巨大，比如说，腌制波罗的海鲱鱼时所用食盐的重量，竟然高达总重量的 ⅓。16 世纪时，瑞典王室下定了决心，要从干鱼转向腌鱼；结果，北欧所有王室城堡和庄园里的干鱼，都用王室提供的食盐进行了加工。通常来说，海鱼会被留下来腌制，因为人们更喜欢在国内购买新鲜的淡水鱼、食用新鲜的淡水鱼。为了去除多余的盐分，腌鱼在烹制之前必须像腌肉一样，进行充分的浸泡。中世纪的烹饪书籍中很少提及腌鱼，因为富人都不太喜欢腌鱼，他们希望尽可能多地享用鲜鱼。

晾晒也可与烟熏搭配着进行。起初，人们用的是一种烟熏干燥技术；到了中世纪末，人们在这种技术的基础上，又发展了一种速度更快的热熏方法。例如，在中欧地区，熏鱼的具体方法从 9 世纪的查理曼王

---

① 古斯塔夫·瓦萨（Gustav Vasa，1496—1560），瑞典国王，1523—1560 年在位，原名古斯塔夫·埃里克森（Gustav Eriksson）。

朝开始有史料记载，但这种方法其实自古就已为世人所知。在更北的地区，熏鱼技术此时很可能已通过德意志各邦的西北角传播到了那里。北欧地区提到过熏鱼的历史最悠久的文献，是1367—1383年瑞典恩雪平医院（Enköping Hospital）制定的行医守则。瑞典教士奥拉乌斯·马格纳斯（Olaus Magnus）对北方熏鱼的描述也广为人知。芬兰涉及这个问题的最早文献资料可以追溯至1544年，出自该国西南部的科克马基庄园（Kokemäki Estate）。

因此，显而易见的是，在16世纪北欧各国的王室庄园里，人们曾用三种不同的方法来保存鱼类，即晾晒、腌制和熏制。根据食盐的供应情况和一年当中捕获鱼类的时节，人们要么是把渔获加以腌制，要么就是把鱼类放在户外晾干晒干，只有一些较名贵的鱼类品种例外，比如三文鱼和白鲑，它们都是在室内熏干，制成所谓的“斯皮克拉克斯”（*spickelax*）和“斯皮克西克”（*spickesik*）。然而，起初绝大多数鱼类都是在户外晾干、晒干的，只是随着食盐日益容易获得，人们逐渐不再使用这种晾晒方法罢了。长久以来，热熏这种速度更快的新方法一直都相对较为罕见，而就算人们用到这种方法，也主要是用于烹制美味佳肴。随着食盐变成一种更加常用的商品，加之热熏实际上并不能长久地保存鱼类，所以这种情况就继续下去，一直如此了。

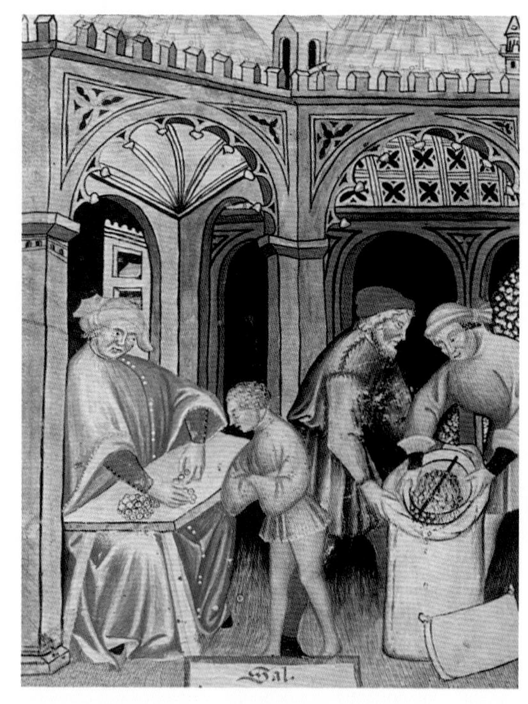

图51
称盐，选自14世纪晚期的一幅手稿插画。

第六章

精制的酱汁 诱人的香料

INGENIOUS SAUCES SEDUCTIVE SPICES

图 52

用青葡萄制作酸葡萄酱。由于如今我们很难在商店里买到酸葡萄汁，故可以用红酒醋、柠檬汁或者用水稀释过的苹果醋（三份醋或果汁，兑一份水）来代替。

在中世纪的饮食文化当中，酱料扮演着一个重要的角色。酱料的作用就是将各种菜肴的水准提升到它们应有的水平之上，并且让一些具有相似特点的食物变得异彩纷呈。许多烹饪书籍中，都有单独的一章或一段内容来论述酱料，而一名好厨师首先也是一位优秀的酱料调配师。在上层社会的饮食文化当中，每道菜肴几乎都配有各自的酱料。当时也有独立使用的酱料；人们可以根据个人的喜好，用它们配以不同的菜肴食用。上层家庭可能还会指定一名仆役，由其负责选择并把合适的酱料与烹制的每种食物搭配好。在英国，这一任务落在切肉师身上，而在法国，负责此事的人被称为“司肉员”（l’écuyer tranchant）。举办宴会时，酱料既可以直接浇在肉食上，也可以放在小盘子里，让就餐者蘸着食用。在王室家庭中，厨房里可能还会单独设有一个办公室，专门负责酱料制作［即造酱处（sawsery）］；这种观念就凸显了酱料的整体重要性。

当时的下层民众，也曾广泛使用酱料。他们都是在家中制作酱料，但城市里也有现成的酱料售卖。在法国，专门调制酱料的人被称为“调酱师”（les saucier）；他们还成立了自己的行会组织，垄断了酱料的生产和销售。

在给菜肴调味这个方面，酱料非常重要，不过它还具有刺激食欲、减少其他食材中可能存在的有害特性等作用。有些医学专家认为，味道鲜美的酱料会导致人们吃得过多，对身体无益。14 世纪的意大利医生兼占星家

图 53

中世纪一幅微型画作中的果树。在中世纪，果汁常常都是各种酱料中的基本成分。

马伊诺·德·马伊内里认为，身体健康的人只应食用少量酱料，而且，一种酱料的性质越是与菜肴中的其他食材不同，我们就越应少食这种酱料。对于适合烹制鱼类菜肴的酱料，当时医学界所持的观点尤为严厉；烹饪书籍中对这种酱料所作的限定，也要比用于烹制肉菜的酱料更加详尽。柑橘汁、醋和芥末都适合给鱼类菜肴调味，而青酱、白酱[①]和大蒜酱也是如此。

当时也有一些极其简单、很容易制作的酱料替代品可用。比如说，在欧洲南部，柑橘汁可以直接挤到肉、禽或鱼类菜肴上，从而代替酱料。只添加了草本香料的葡萄汁，也可以这样使用。浓葡萄酒也可用作酱料。有的时候，甚至在酸果汁中加上普通的食盐，可能也算得上一种过得去的调味酱。意大利作家巴托洛米欧·普拉提纳（1421—1481）[②]认为，油、醋和盐拌起来就是一种酱料，足以给新鲜莴苣和烹煮的蔬菜调味了。醋也可以用作酱料，直接使用或者用食盐和生姜调味之后再用均可；不过，考虑到一个人的健康，其中添加蜂蜜或食糖增甜的做法更好。人们认为，醋汁酱尤其适合给鱼类菜肴调味，因为醋会抵消鱼肉的有害性质。纯草本植物汁液也可用作酱料；比方说，在节庆之时，人们就经常用欧芹汁配“乳猪鸡”（cokentrice）这道半为阉鸡、半为乳猪的菜肴。烤肉滴下来的汤汁，既可以用作菜肴上的浇汁，还可以用作酱料。

普通的芥末，也可用来搭配鱼类或禽类菜肴。在中世纪，芥末属于一种日用品，用量极其巨大。芥末可以添加到一些成分复杂的酱料当中，它们同样极其适合给鱼类、肉类或者野猪之类的山珍菜肴调味。芥末酱是用磨碎的芥籽加上酸葡萄汁，即青葡萄榨出的汁液配制而成的。芥末加上醋则是一种有效的药物，可以让人头脑清醒、舒缓精神。这种东西能够长久保存，故不必等到使用之前才去调配，而是可以储存起来，供日后所用。意大利酸橙酱（savore aranzato）是一种与之类似的调味品，它的保质期也很长，达一年之久。

---

① 白酱（white sauce），用牛奶、面粉、黄油等调制而成的一种调味酱，多呈白色。

② 巴托洛米欧·普拉提纳（Bartolomeo Platina）是意大利文艺复兴时期的人文主义作家兼美食家，著有理论专著《论可贵的快乐与健康》（*De honesta voluptate et valetudine*）。此书对意大利的美食进行了论述，出版之后广受欢迎，被世人奉为第一本印行的烹饪书。

正如前文所述，中世纪的酱料有一个显著的特点，那就是当时的人普遍使用柔软的白面包作为黏合剂，而不是用小麦面粉作为黏合剂。当时还有一些常见的黏合剂，比如杏仁粉、鸡蛋、禽肝，偶尔还会用到米粉。人们经常试着调出一种时髦的酸味，会用一些酸味浓郁的液体，比如葡萄酒、醋、柑橘汁或酸葡萄汁来达到这一目的。

“酱料”（sauce）一词，源自拉丁语中的“*salus*”；后者是“*salere*”一词的过去分词形式，意指“加盐”。古罗马人调配的酱料，的确一度很咸；但在中世纪的厨房里，各种各样的调料与草本香料，已经取代了食盐。法国的一些烹饪书籍，比如《饮馔录》（*Viandier*）和《巴黎主妇》，都在其中的酱料配方部分列举了大量调料。一种酱汁当中可能含有多达 16 种不同的调料和草本香料。为了让成品酱料变得尽可能细滑，配制酱汁的原料首先会在研钵中彻底磨碎，在最后阶段再用筛子过滤。酱料的颜色和味道这两个方面最为重要，往往也决定了成品酱料的名称。“驼绒酱”（Cameline）之所以得名如此，是因为这种酱料呈棕色，其中还含有肉桂；“辣酱”（poivrande）则得名于其中的辣椒（pevrada，即有辣味的）。

酱料通常都分成两大类：熟酱与生酱。生酱的主要配料通常包括白面包和杏仁粉，再加上葡萄汁、醋或者葡萄酒，有时还会用牛肉高汤或牛奶作为酱汁。一种常见而普遍的生冷酱就是前文中已经提及、带有肉桂风味的“驼绒酱”；这种酱既与肉菜相得益彰，也很适于搭配鱼类菜肴。广为公认的基本熟酱，就是带有姜味的“詹斯酱”（jance）。这两种酱料，也都有带大蒜味的变化品种。

酱料还可以分成果酱与香辛料调味酱两大类。制作果酱的原料，有李子、葡萄、桑葚和樱桃，因而果酱都带有甜味。果酱中常常还会添加食糖；另一方面，果酱中却很少放盐。当时有大量的醋和类似的酱汁，可能也是由果酱发酵制成。常见的香辛料调味酱主要是大蒜酱，它很适合给各种菜肴调味。这种酱料的浓郁味道也很受时人欢迎。制作大蒜酱（这种酱在意大利语中叫作“*agliata*”，在法语中则称为“*aillée*”）时，要用牛肉高汤或者鱼汤，加上杏仁和白面包。比方说，略带黑葡萄色的大蒜酱搭配白色的禽类菜肴，可谓相得益彰。

图 54
厨师及其帮手正在烹制炖菜、烤肉和酱料。图中的厨师正在尝菜肴的味道。

胡椒酱也是一种常见的香辛料调味酱，可搭配鹿肉、野兔、野猪或其他任何一种味道浓郁的野味食用。其制作方法是将烤面包放在畜血或者内脏中烹煮，然后加入胡椒醋。胡椒酱也很适于跟鱼类菜肴搭配食用。这种酱料的制作方法是将烤面包用牲畜的血液或者下脚料烹煮，然后往混合物中倒入加了胡椒的醋。胡椒酱同样适合搭配鱼类食用。

胡椒酱在英国深受人们欢迎，果酱和大蒜酱则是意大利人的最爱。据说，“姜黄酱”（galentyne）是英国上层人士最喜欢的酱类，配鱼类和肉类食用都风味颇佳。这种酱是将面包放在醋中浸泡，再用肉桂、生姜调味制成，并且常常还有姜黄（这是一种与姜根有关的调料）；所以，这种酱料的名称可能就是由此而来。配鳗鱼和梭子鱼一起食用时，姜黄酱中还会用大蒜调味。

高贵的调味艺术

中世纪厨艺的一大特色，就在于当时人们使用的草本香料与调味料种

图 55

威尼斯商人正在印度的坎贝港（Cambaet）下船登岸，选自《马可·波罗游记》（*The Travels of Marco Polo*）中的一幅插画。中世纪的欧洲人对异国香料深为迷恋，这是尽人皆知的一件事情。十字军东征（Crusades，1095—1270）让欧洲人熟悉了产自东方的各种新奇香料。为朝圣者运送粮食与衣物的船只，返回欧洲时带回了香料、异国水果和宝石。1271 年，生于威尼斯的马可·波罗（1254—1324）这位了不起的海上探险家，开始了一场环游世界的航行；过了差不多 20 年后，他的船只满载着香料，回到故乡的港口。中世纪晚期的欧洲人，都对他游历遥远国度的故事深为着迷。在其游记中，波罗描述说，他遇到的那些当地人都拥有众多的自然财富，有黑胡椒、肉豆蔻、高良姜、丁香，以及其他香料。在马可·波罗那个时代的欧洲，经济的发展和对伊斯兰领土的征服，让人们获取东方那些陌生与富有异国情调之物产的欲望变得更加强烈了。香料让他们大为神往；他们在闻到和品尝食材的香味时，向往着那些遥远的国度。香料象征着那个尚未被他们征服的世界，意味着冒险和逃避，当然也意味着危险。

类繁多，而这些香料的利用和组合方式也多种多样。不过，在素菜和味道清淡的菜肴中，当时的人却不喜欢多用调味品；比如说，做汤的时候，人们常常都要到烹饪过程的最后阶段，才去添加调料和草本香料，目的是不丧失原有食材的香味。

调料必须磨成粉末，因此它们都是在研钵当中磨碎之后，才添加到酱料或菜肴中去。一道菜肴中的主要食材也可以拌上调料，或者可以将调料抹在肉片或鱼片这样的食材表面。人们还把调料撒在已经烹制好的菜肴顶上，起到画龙点睛的作用。来自遥远之地的异国香料还可以在餐后享用，要么直接食用，要么就是裹上一层糖。如今，我们很难说清当时的人大量使用调料的情况，因为留存至今的食谱当中，并未给出调料的准确用量。为菜肴添加调料是一种高贵的艺术，需要一个人具有将不同风味结合与协调起来的本领。由于绝大多数香料都很昂贵，因此当时的人很可能用得很谨慎，只在必要之时才会用到。中世纪的人还不知辣椒、辣椒粉和香草为何物；除此以外，当时人们使用的草本香料和调料，跟如今几乎无异。当时的人都认为，香料是具有一定价值的奢侈品，故常常将它们储存在上锁的调料柜里。英国的上层家庭还设有自己的香料办公室，叫作“香料室”；大米、特色葡萄酒及干果这些价格昂贵的食材，也会储存在其中。在中世纪，“香料”一词就代表了所有的罕见与昂贵之物。

由于绝大多数香料都是从遥远的地方进口的，价格昂贵，故它们也在金融领域留下了烙印：“香料”一词（spice，在法语中为“*épice*”）源自拉丁语中的“*species*”，后者指的就是“金钱”。用胡椒和其他香料来支付诉讼费用、交税和偿债，是中世纪的一种惯例，当时女性的嫁妆中常常还有胡椒。打过一场官司之后，获胜的一方往往会把一些经过精挑细选的美味香料送给其诉讼代理人当作报酬，也就是所谓的“官司香料”（épices des juges）。这些香料中可能有姜味蜜饯、小豆蔻、肉豆蔻酱和糖。

通过使用香料，一个人就可以让自己和他人区分开来，显示出自己的社会地位。往菜肴和酒水中添加香料，并非仅仅属于精英阶层个人品味上的偏好问题。香料的购买和使用反映了社会中的阶级差异。上流社会会花高价购买番红花、生姜、丁香、肉豆蔻、肉桂，以及其他产自遥远之地的香料。富有的中产阶层努力想要达到与贵族平起平坐的社会地位，因此也是大把花钱去购买香料。穷人一般购买现成的和价格不贵的混合香料，而最穷的人只能靠洋葱和大蒜将就。

香料在特殊场合下尤为重要，因为它们的作用就是体现活动举办者的富有和社会地位。然而，人们也会出于健康考虑，而在日常烹饪和节庆场合中使用调料和草本香料。此外，正如前文所述，中世纪的人使用香料的目的，并非掩盖变质食物的味道。当时买得起香料的人，也买得起优质的食材。

遥远国度的香料：来自世界尽头的味道

调料、草本香料和用于调味的植物这种分类，在中世纪有点儿不太明确。当时，柠檬、枣椰和橘树叶子，也可以归入香料一类。当时的一种分类方法认为，主要或者说显而易见的香料包括生姜、肉桂、天堂椒 [亦称豆蔻椒（melegueta pepper）] 和胡椒，而不太重要或者说次要的香料则有肉豆蔻、丁香、豆蔻和高良姜。

在中世纪，胡椒是最重要的一种进口香料，号称“香料之王”。古罗马人的厨房中，曾经使用过大量的胡椒。然而，从 14 世纪起，随着更合算的天堂椒开始受到人们的欢迎，胡椒的用量有了一定程度的减少；天堂椒产自西非地区，是一种姜科植物的种子，味道辛辣。草本香料的日益普遍，也动摇了胡椒的良好地位；不过，医生们仍然经常使用这种香料，将其当成治疗头痛、贫血、食欲不振的药物和一种解毒剂。胡椒在治疗咳嗽、肝病、胃病、脓肿、胸痛、发烧、寒战、夜盲症、身体湿气过重和心脏疼痛等方面，都有好处。黑胡椒、白胡椒、长胡椒和圆胡椒全都有售。穷人则用杜松子来代替胡椒；杜松子带有树脂味，很适合搭配味道浓郁的野味。医生还推荐暴饮暴食者食用杜松子，因为杜松子对胃液具有刺激作用。

对于味道极其辛辣的生姜，中世纪和中世纪以前的人都曾备加推崇。在古希腊，生姜曾被用于多种菜肴和酒水当中，是催情药中的一种有益原料。此外，生姜也是治疗感冒、预防瘟疫和坏血病的一种有效药物。人们都认为，生姜原产于近东地区；可实际上，生姜是阿拉伯人从印度引入的。即便是到了如今，在中东和远东地区的烹饪中，生姜也仍然是一种重要的调料。中世纪的人之所以不在意生姜的难看外表，是因为生姜具有一种沁人的芳香。人们曾用生姜给多种酒水调味，并且生吃，或者保存在果酱和柑橘酱中。人们常常把生姜储存在蜂蜜当中，以防其香味减退。

据中世纪的医学专家称，生姜既可以止渴，又能提神醒脑。生姜能促进食欲，加快消化液的流动，因此许多节庆大餐最后都是以姜糖而告结束。长久以来，人们都认为生姜是一种具有治疗功效的植物；近年来，研究人员也已发现，生姜是一种特别有效的止咳良药。而且，生姜还能缓解疼痛、降低体温、刺激免疫系统、平缓心跳和强化心脏的功能。此外，生姜还有抗氧化作用，能够杀死沙门氏菌（salmonella bacteria）。生姜也能软化肉类，延长肉类的保质期，并且能够预防晕船，降低胆固醇。如此一来，由于喜爱生姜，古人都曾获益良多。

高良姜与生姜这种亲缘植物很相似。高良姜原产于中国，据说鞑靼人（Tatar）曾经用它来泡茶。到了中世纪晚期，高良姜在遥远的北欧各国也赫赫有名了：米卡尔·阿格里科拉所著的祈祷书（《鲁库斯基里亚祈祷书》，1544）中，就曾鼓励读者在天气寒冷的 1 月份服用一些味浓性温的香料，比如生姜、胡椒、高良姜和丁香。书中还建议读者用这些香料来泡酒，但酒中不要加蜂蜜，也“不要在大动脉上放血，且只有必要时才能在肝静脉上放血”。

高良姜分为大高良姜 [大良姜（Alpinia galanga）] 和小高良姜 [小良姜（Alpinia officinarum）] 两种。大良姜原产于泰国、印度尼西亚和马来半岛（Malay subcontinent），只能生长于热带气候；小良姜颜色更红、味道更浓，也需生长在气候较为暖和的地区。新鲜高良姜的味道与生姜相似，但带有一丝树脂和樟脑的气味。

肉桂也曾颇受中世纪人青睐。连古代的埃及人在他们的尸体防腐习俗中，也用到了肉桂。古罗马帝国皇帝尼禄（Nero，37—68）在盛怒之下杀掉自己的妻子之后，下令将帝国一年进贡的肉桂付之一炬，以示悔恨。

《圣经·旧约》中提到过，肉桂比黄金更加珍贵。12 世纪晚期，法国诗人克雷蒂安·德·特罗亚[①]曾在其诗作《伯斯华，圣杯的故事》（*Perceval, le Conte du Graal*）中对肉桂大加赞誉，因为据说肉桂具有圣杯（Holy Grail）当中基督血液的气味。在中世纪的厨房里，这种香料既用于开胃菜中，也用于甜食当中。人们在果酱和热葡萄酒中添加肉桂枝，并且用肉桂粉给饼干、蛋糕和馅饼增添风味。医生则用肉桂来治疗暴饮暴食导致的肠内积气，以及其他的胃部不适。

在中世纪，番红花是所有香料中最昂贵的一种，其售价高达生姜的 12 倍。在当时的法国，1 里弗赫（livre，约合 490 克）番红花的售价与 1 匹马的售价相同，1 里弗赫生姜的售价则与 1 头绵羊相当，2 里弗赫的豆蔻则可买下 1 头奶牛。在上流人家的厨房里，番红花是使用得最广泛的一种香料，被用于多种菜肴与酱料当中。由于其味道浓郁，故只需要极少量的番红花，就可以给一份饭菜调味。人们不但把番红花用作调味品，还把它用作一种食用色素或者染色剂。《巴黎主妇》一书的作者曾建议说，若是愿意的话，我们可以用蛋黄代替番红花；蛋黄比较便宜，却依然能够让饭菜呈金黄色。

到了中世纪晚期，番红花不再是来自遥远国度的一种独特香料了，因为距欧洲更近的国家和地区，比如意大利，也开始种植这种香料。尽管如此，番红花的价格仍然非常昂贵。番红花是用番红花（*Crocus sativus*）这种植物的干燥柱头制成，它隶属于鸢尾科（iris family）。这些长有球茎的植物，原产于欧亚大陆（Eurasia）上气候较为暖和的地区。制备 1 千克的番红花，大约需要 50 万棵柱头；它们都是手工采自番红花的雌蕊，可 1 朵番红花上却只有 3 根雌蕊。如今，番红花仍然是世界上价格最昂贵的香料，1 千克的售价高达 5 000 欧元左右。

产自印度热带雨林中的小豆蔻，是中世纪售价位居第二的昂贵香料。

---

① 克雷蒂安·德·特罗亚（Chrétien de Troyes，约 1140—1190），中世纪的法国诗人、作家。早年翻译过古罗马诗人奥维德的作品，后来致力于故事诗的创作，著有 5 部讲述英国亚瑟王传奇故事的叙事诗，《伯斯华，圣杯的故事》是其中的最后一首，但没有完成。

风味缤纷

研究人员发现，中世纪的欧洲人喜欢各种各样的口味，只是不同地区的人们偏好稍有不同罢了。法国人使用的香料种类多于其他民族，他们喜欢生姜、肉桂，喜欢混合使用这两种香料，还喜欢天堂椒；可在其他地方，天堂椒的使用却不那么普遍。在中世纪的意大利烹饪书籍里，胡椒、丁香、生姜和肉桂则是所有从遥远国度进口的异国香料当中，出现得最为频繁的几种。意大利人还喜欢气味芬芳的草本香料。在英国，使用普遍程度仅次于番红花的异国香料是生姜，天堂椒则没有那么常见。英国烹饪书中提到肉桂的频率，多于意大利的烹饪书籍。

图 56 人们正在草本植物园里挑选草本香料来烹饪，选自中世纪一部手稿中的插图。

书面文献当中关于使用香料的资料，经常会与考古证据相矛盾。举例来说，德国的烹饪书籍中都会强调胡椒；然而在考古中却发现，胡椒在其他香料当中并没有显得极其突出。考古研究表明，异国香料在德国北部和波兰北部要比在斯堪的纳维亚半岛和爱沙尼亚两地用得更加普遍。

1404—1554 年塔林市政当局和行业公会举办的宴会保存下来的账簿告诉我们，当时人们使用的主要是生姜、胡椒、番红花、芥末、丁香、肉桂、茴香、天堂椒、葛缕子和肉豆蔻等香料。北欧国家中保存下来的账簿则表明，当时上流人士享用了大量的蜂蜜、醋、茴香、葛缕子、丁香和黑胡椒等香料。

前 721 年，古巴比伦国王就在自己的御花园里栽培过小豆蔻，而在古希腊和古罗马，小豆蔻也曾备受人们的青睐。中世纪过后，小豆蔻就不再受人欢迎了。小豆蔻性味温热、富含柠檬酸，只需少量就足以给一道菜肴调味。小豆蔻既适合用于开胃菜，也可以给甜食调味；从肉菜到苹果馅饼，都可以用这种香料。在中世纪，人们还将小豆蔻添加到各种各样的酒品当中，比如“克拉雷”干红葡萄酒（claret）这种广受欢迎的葡萄酒饮品就是如此。人们还认为，小豆蔻可以治疗某些健康问题，比如泌尿疾病。在北欧各国，小豆蔻直到中世纪末才开始普遍使用。

在中世纪，丁香给饭菜带来了一种可贵的酸涩滋味，也是许多饮品当中一种无与伦比的调味品。丁香属于桃金娘科，是生长在印度及其邻近地区的一种树，其花蕾干燥之后则被人们用作一种香料。在古代，人们曾用丁香来给多种酒类增添风味，古希腊人和古罗马人还用这种香料来香体。到了中世纪，医学专家们则推荐体弱之人服用丁香：将两朵丁香花加入煮沸的糖水中，浸泡半个小时之后，再将花蕾与糖水一并服用就足矣。

肉豆蔻是随着阿拉伯人从印度洋彼岸传到欧洲的一种昂贵香料。这种香料是用肉豆蔻属（*Myristica*）中的肉豆蔻树的种子和花序制成。跟如今一样，中世纪的人在使用肉豆蔻籽时也很谨慎，因为其中含有一种叫作豆蔻酸甘油酯（myristin）的麻醉剂，从而具有致幻性，若是大量摄入这种物质，则有可能中毒。在中世纪，豆蔻也被人们用作香料，给众多的菜肴调味。本书所附的数份菜谱中，就建议使用一小撮肉豆蔻粉或者豆蔻粉。

草本香料

中世纪的人若是买不起价格昂贵、产自遥远国度的异国香料，就会用草本香料和植物来给自己的饭菜调味。他们是把新鲜的或者干燥的草本香料切碎，或者用油稍微煸炒之后，才添加到饭菜中去。他们还会烹制一些特殊的草本菜肴，其中的许多菜肴尤其适合在斋戒期内食用。

欧芹、马郁兰、小茴香、牛膝草、薄荷和紫苏，就是当时常见的厨用草本香料，细叶芹、莳萝和迷迭香也很受人们的欢迎。然而，使用草本香料的情况也因地而异。比如，意大利虽说栽培牛至和紫苏，可意大利的烹饪书籍当中，却很少提及这两种香料。有一种观点认为，栽培它们更多的是用于制药，而不是为了食用。英国人都听说过马郁兰、葛缕子、芫荽和茴香，但前3种在英国的烹饪书籍中却很少提及，牛至或紫苏就更不用说了。取代这些草本香料的是鼠尾草、牛膝草和香薄荷，它们都是北方气候下更好栽培的家用草本香料。欧芹既可用于装饰，味道又好，故在英国和欧洲其他国家的用途也极其多样。北欧国家的人直到中世纪晚期，才开始广泛食用欧芹和芫荽。

葛缕子同样很受人们的欢迎，因为它很适合搭配像鱼类这样的菜肴。医学专家也认为，葛缕子是一种可以治疗胃病的有效药物。据一份治疗药剂的方子称，应当先在研钵里将葛缕子的种子磨碎，然后用啤酒熬煮。将煮液表面的浮沫撇去，然后将药汤用纱布过滤，让病人趁热服下。过滤之后的葛缕子种子则用亚麻布包起来，放在病人腹部进行热敷。将茴香、葛缕子、生姜、肉豆蔻和薄荷混合起来，也有助于治疗胃病和食欲不振。从本质来看，人们认为葛缕子、茴香和小茴香的种子性质最为温热，因而最适合促进胃部的消化功能。

然而，鼠尾草却是所有草本香料中最重要的一种。像《饮馔录》和《巴黎主妇》这样的法国烹饪书籍中，就曾频繁地提及鼠尾草。鼠尾草带有一种怡人的味道，与许多菜肴和饮品都相得益彰。古代和中世纪的医生都极其重视这种草本香料的治疗功效；它的名称源自拉丁语“*salva*”一词，意指“挽救”。15世纪时芬兰的纳安塔里修道院（Naantali Abbey）编纂的一部论述草药的书中，就曾提到过鼠尾草，而米卡尔·阿格里科拉的祈祷书则力主北欧人食用鼠尾草，6月和7月里尤该如此。

几乎所有的蔬菜，也可以用作调味品。尽管当时的人经常认为大蒜、洋葱和青葱是农民的吃食，但它们在贵族的餐桌之上，其实也占有一席之地。大蒜尤其是一种常见而广受欢迎的蔬菜；不管是作为调味品、烹煮的蔬菜还是草药，大蒜都表现得非常出色。人们采取了许多措施，来解决吃完大蒜后留下的异味问题，其中包括食用能够清新口气的草本香料和饮醋。

草药

中世纪的医学专家曾经使用像鼠尾草、香脂草、迷迭香、圣约翰草[①]和缬草这样的草药，来治疗精神紧张。他们曾用紫丁香、接骨木、洋甘菊、毛蕊花、连翘、地榆、椴树花和百里香，来治疗鼻炎和普通感冒。啤酒花、缬草和熏衣草对失眠有很好的治疗作用，而奶蓟、海滨矢车菊、水杨梅、胡椒薄荷与蒲公英则可以缓解胃病。至于肠道疾病，他们推荐使用车前草、番泄叶和亚麻，而紫草、金盏花、委陵菜、马尾草和山金车则用于治疗跌打损伤和创伤。

米卡尔·阿格里科拉的祈祷书里推荐的草药，则有仙鹤草、芹菜籽、芸香、薄荷、药用水苏、苦艾、小颠茄、小茴香、鼠尾草、黑接骨木、芹菜根和荨麻，等等。

有几种气味浓烈的芸香，被人们用于应对瘟疫和其他一些严重的疾病，以及驱虫除蛇。教堂会用普通芸香擦拭地板来驱除女巫；这种芸香又称"恩典之草"（herb-of-grace）。当时的人认为，芸香制成的药剂非但能够改善一个人的整体健康，能够消除抑郁，清心安神，促进推理和逻辑思维，抑制性欲，而且能够治疗风湿病、痛风、神经系统疾病、心脏和胃部不适，以及外伤和皮肤病。人们还谨慎配量，用干芸香叶为肉菜和素菜调味，为葡萄酒上色；可若是用量过大，芸香就会变成一种毒药。

人们认为，水苏可以治疗黄疸、癫痫、痛风，以及头痛和牙痛。水苏也被用于巫术当中，用来驱除邪恶力量，放在篝火和熏香中点燃。人们还把水苏填到枕头里，以防晚上做噩梦，并且把水苏塞到护身符里，祈祷这样的护身符给自己带来好运。

苦艾草则有驱除飞蛾与其他蚊虫的作用。人们将苦艾的叶子和芽茎磨成粉末或者制成酊剂、药膏和汤剂，来治疗胃病、驱除人畜体内的寄生虫，以及缓解风湿和其他疾病引起的疼痛，其中包括皮肤感染、咳嗽、耳齿眼等部位的感染、骨科疾病和精神失常。苦艾还被人们用在春药当中，并且用来给啤酒、葡萄酒和烈酒调味。

---

① 圣约翰草（St John's wort），即贯叶连翘或者金丝桃。

图 57
种植在花盆里的药用植物，选自 16 世纪的一幅木刻画。医学专家的观点，在一定程度上对中世纪的人（尤其是富人）为饭菜选取调料或草本香料的方式产生了影响。健康的人会尽量选取符合他们特定气质与身体状况的调味品。至于病患，医生则会根据疗效，为他们推荐某些香料。法国的蒙彼利埃市（Montpellier）曾因香料贸易而闻名；从 11 世纪起，该市医学界开始教授关于香料及其用途的知识，并且很快便因此而蜚声于世。

与各种鱼类和肉类菜肴搭配食用时，大蒜酱尤受人们喜爱。

大蒜具有众多促进健康的特性，这一点早已为人类所知。古希腊医生希波克拉底（Hippocrates，约前 460—前 370）曾经颂扬过这种植物的有益性质，并且证实大蒜具有温热、通便与利尿等特性。东征的十字军曾用大蒜来保护自己免遭瘟疫和恶魔的侵袭，医生则把大蒜当作预防风湿的药物。大蒜还能扩张受阻的支气管，并且清除胃部的杂质与毒素。有些人认为，人类有朝一日终会找到办法来提取大蒜中的精华，从而帮助人们恢复失去已久的青春活力。

除了水果和蔬菜，当时各座修道院的菜园子里也种有草本香料与草药。修道士们从自然界中采集的野生植物，逐渐在这些菜园里扎下了根、安下了家。比如说，这些修道院里曾种植过欧芹，既用它来制药，也用它给食物调味。中世纪的每一座男修道院和女修道院里，都有接受过医疗培训的修道士；他们在草药和治疗疾病领域里，技艺都相当精湛。中世纪鼎盛时期最著名的一位治疗师和草药专家，就是曾经担任过鲁帕斯堡（Rupertsberg）和埃宾根（Eibingen）两座女修院院长的希尔德加德（Abbess Hildegard，1098—1179）。

咸与甜

盐在中世纪的厨房中扮演着一个不可或缺的角色，至于原因，主要是食盐能够让人们把食物保存起来。肉、鱼都要用食盐腌制，以便一年到头随时可以吃到。到了最终烹饪腌制食品时，人们会用浸泡的方法去除其中多余的盐分，使之适合食用。不过，说到中世纪的人对高盐食品的喜爱程度，我们有时却是夸大其词。

当时的人，很少单独将食盐添加到正在烹制的食物中去；若是用了一种业已添加足量食盐的高汤，或者用其他食材（比如说草本香料）就可以达到预期的效果，那就尤其如此了。然而，在摆放餐具时，单独的盐碟却是当时必不可少的一种餐具。就餐者不能直接拿食物去蘸取食盐；相反，就餐者应当用餐刀的刀尖，将食盐拨到自己的餐盘中。据一些行为礼仪书籍称，若是用 3 根手指伸到盐碟中去抓取食盐，就说明用餐者是一个粗俗的乡巴佬或者蠢货。

当时的优质食盐，售价并不便宜。意大利的上层人士就餐时，只用纯白色的矿物盐，而在英国，就餐时所用的食盐也须是色白、干燥和细磨的盐末。14 世纪中叶后，由于经济变革和百年战争[①]导致了一场食盐危机，故英国人不得不有史以来第一次食用质量低劣的海盐了。

中世纪的人曾用食糖和蜂蜜来给食物增甜。像醋栗果、葡萄干、枣椰、无花果和梅干等干果，也可以用于让菜肴变甜，其效果跟一些带有甜味的调料相同。当时有好几种食糖，其中最便宜的品种里，可能含有大量的杂质。食糖能给酒品、面包和糕点增添甜味，还被用于给水果、香料和糖果上色，或者将它们制成蜜饯。此外，制作杏仁膏的时候，也需要食糖。人们可以在享用之前，将食糖撒到甜味和咸味菜肴上，甚至撒到香肠和用鱼类内脏烹制的菜肴上。正如前文所述，中世纪的人常将甜味与其他风味结合起来，且尤其喜欢甜酸结合。

---

① 百年战争（Hundred Years War），英法两国于 1337—1453 年间进行的一场战争（后来勃艮第公国也加入了），以法国付出惨重代价获得胜利而告终。此战使得法国完成了民族统一，为其日后在欧洲大陆上的扩张奠定了基础。

图 58

蜜蜂和蜂蜜，选自卡萨纳特图书馆（Biblioteca Casanatense）的馆藏手稿版《健康全书》（*Tacuinum*，即 *Theatrum sanitatis*，1400）。当时，蜂蜜制成的水果蜜饯是修道院的修道士们常吃的食物，蜂蜜也是酿制蜂蜜酒所需的一种原料。每一座有名的修道院，都设有蜂房。欧洲各地的人都饲养蜜蜂来获取蜂蜜；除此以外，农民还会采集野生蜂蜜。由于蜂蜜都是本地或者自家所产，故在当时的采购账簿上很少出现。

图 59

在中世纪，香料商和药剂师都是备受社会敬重的人。当时的人必须经过多年学徒期和培训，才能获得药剂师的头衔。在城市里，香料铺子会开在布店、金店和旅馆旁边。香料铺子简直就是一个美妙的香氛天堂，香料都存储在陶罐或者定制的容器里。店员会按重量或者按件数出售香料，并且每笔销售都须仔细清点数量。

在中世纪鼎盛时期以前，食糖曾是一种稀有而昂贵的商品，主要用在医疗当中。一直要到十字军东征时期，人们才开始更充分地了解食糖，因而从 14 世纪开始，欧洲的各个集镇上就经常有食糖出售了。到了中世纪晚期，食糖常常都是当时盛行的禁奢法令禁止的对象，到 18 世纪初才变成了一种主流产品。

由于当时的专业人士认为食糖的性质极其温热、干燥，因此食糖曾被人们添加到各种食物里。人们认为，食糖是所有食材当中最安全和最合适的一种。有些意大利食谱集子表明，其烹饪指南中几乎有一半的食谱里都含有食糖。本书所附的许多食谱中也含有食糖，只有一些咸味菜肴除外。

自远古以来，食糖始终都是药剂师的必备物品；中世纪的药物和药剂当中，几乎每一种都含有食糖。食糖既能缓解几乎每种疾病的症状，对健康人也颇有益处。食糖能够清除体内毒素，对肾脏、血液和膀胱也有好处。每一种气质的人，每种不同的年龄群体，在不同的季节和地点，都宜食用。

在北欧各国，食糖全都是花高价从国外进口的。例如，英国曾从叙利亚（Syria）、罗德岛（Rhodes）、亚历山大港（Alexandria）和西西里岛（Sicily）进口食糖，但人们认为塞浦路斯（Cypriot）的食糖质量最为上乘。另一方面，随着阿拉伯人在意大利南部广泛种植甘蔗，中世纪晚期的意大利已经开始在本国生产食糖了。由于食糖逐渐常见起来，人们便开始发挥出自己的聪明才智，日益普遍地用食糖制作出可以食用的雕塑品；以制糖贸易闻名的威尼斯，还把食糖雕塑品出口到了意大利的其他地区。用食糖和杏仁制成的杏仁膏在那个时代流行的食品结构当中发挥了绚丽夺目的作用，但它也可以单独食用。1460 年，根据禁奢法令，威尼斯举办的各种宴会上都不能再用杏仁膏了。英国的厨艺大师们也曾使用色彩斑斓的杏仁膏，塑造过贵宾们及其城堡的形象。他们的灵感都源自法国，因为从 14 世纪起，法国人就开始用食糖、开心果或者杏仁制作杏仁膏了。不过，杏仁膏最初是阿拉伯人发明出来的。

中世纪的人烹饪时会用到大量的蜂蜜，目的是为食物和酒水增甜，在英国、德国和北欧国家里尤其如此。由于食糖价格昂贵，故上层人家的厨房里（特别是中世纪末的北方地区）也会用到大量蜂蜜。在意大利，随着北部各城邦制糖工业的发展壮大，富裕阶层逐渐对蜂蜜失去了兴趣。然而，学者们却对蜂蜜的种种有益特性赞誉有加，断言蜂蜜能够净化胸腔和胃部，能够温血活络。气质湿寒的人，尤宜食用蜂蜜。据米卡尔·阿格里科拉称，3月份最适宜饮用蜂蜜饮品。他曾写道：“从吾之言，汝当生而无痛。”然后又用诗句建议读者说，3月不应在头部放血，且应经常沐浴，天气转热时尤当如此。只要适度，人们完全可以想吃什么就吃什么，想喝什么就喝什么。此外，人们应当多吃甜食，饮用浓稠的蜂蜜饮品。芸香和薄荷也可以混合加入啤酒当中，或者放在一起炖煮。勤洗澡确实有益，但洗澡水不应太烫。最后就是，不应当在主动脉上拔罐，大拇指上的主静脉也是如此。

第 七 章

精选奶酪
奶、蛋菜肴

A SELECTION OF CHEESES
MILK AND EGG DISHES

图 60

挑着凝乳的人，选自《健康全书》。

在中世纪，教会曾禁止人们在教会确定的斋戒日里食用动物奶和含奶菜肴。平时，中世纪的厨师也会经常用杏仁制成的“奶”来烹饪；用这种“奶”，人们还能够制成可以长久保存而不需用到食盐的黄油。

绝大多数新鲜的动物奶，或是马上用于烹制食物，或是制成了保质期很长的含盐奶制品。当时的动物奶不能冷藏，所以很快就会变质，只能在奶源地附近使用。法国《美食家》（*Vivendier*）这部烹饪手稿的作者曾经提醒说，厨师只能使用刚从奶牛身上挤下，然后直接交到他们手中的牛奶。人们常常怀疑，那些在城市街道上叫卖的牛奶贩子给牛奶掺了水。

当时，人们都把牛奶当作烹煮蔬菜，以及烘制面包时让面团变湿的汤液。各种各样的谷物、大米和面食，也可以用牛奶来烹制。人们只是出于健康原因才直接饮用动物奶，并且主要是推荐儿童、青少年和体弱者饮用。在北欧各国，人人喝的都是酪乳或者性质类似的酸奶饮品，其中也包括健康人。医学专家都认为动物奶营养丰富，因为动物奶具有与人体类似的特性。尤其是山羊奶和绵羊奶，他们认为这两种奶极其有益。根据米卡尔·阿格里科拉的祈祷书（《鲁斯库里基亚祈祷书》，1544），人们最好是饮用这两种羊奶，9 月和 10 月的时候尤其如此。当时的医学专家认为牛奶不好消化，故建议人们用蜂蜜、胡椒和葡萄酒来对牛奶加以调和。

牛奶的应用是在北方气候凉爽的地区发展起来的，因为在那些地区，

图 61

魔鬼帮助女主人在别人家的奶牛身上挤奶和搅拌偷来的牛奶，选自芬兰小镇洛赫亚（Lohja）圣劳伦斯教堂（St Lawrence）里的一幅壁画。瑞典的奥斯莫（Ösmo）教堂中，也有一幅类似的壁画。在北欧各国，家中的奶牛和其他家畜都由女性来照管。猪和母鸡会在农舍院落里自由自在地觅食。奶牛、绵羊和山羊主要是在夏天挤奶；到了冬天，就必须少让它们进食了。人们会让牛奶变酸，制成酪乳，或者搅制成黄油和奶酪。新鲜牛奶会留给孩子和体弱者；其他人吃饭时则是饮用兑了水的酪乳，或者"卡利亚"（kalja）这种淡啤酒。黄油是一种价格昂贵的食品，人们只是在特别的日子里，才会把一小块黄油涂在面包上。哈姆和图尔库这两座城堡近代早期留存下来的账簿中，就列有牛奶、酪乳、鸡蛋、奶酪和黄油等条目。

牛奶的作用比在南方地区更加重要。南方地区的人，主要是饮用味道较重的绵羊奶或者山羊奶。穷人饲养的小牛，所产的牛奶量特别少。当时一到冬天，奶牛就大多不再产奶；就算是产奶，所得的少量牛奶也被人们优先用于制作黄油和奶酪去了。米卡尔·阿格里科拉认为，人们尤其应当在5月份食用新鲜黄油，因为北方地区的漫长冬季过后，人们在5月份显然更容易获得新鲜的黄油。秋季制成的黄油都特别咸，保质期也很长，但不一定会留在农户家里，而是会拿到市镇上卖掉。从牛奶表面撇下来的奶油，是许多美食中的重要成分，比如英国的葡萄干枣椰奶油馅饼就是如此。

适合各种口味的奶酪

奶酪在中世纪极受人们的欢迎。奶酪用途众多，尤其是在气候温暖的地区，能够长久保存的奶酪是所有奶制品中最有用的一种。我们如今所知的许多奶酪，在中世纪时就已为人们所熟悉了。当时，奶酪可以说是无所不在，每顿都会吃到，而不像如今这样，常常只被人们当作一种配菜。在斋戒期内，上层人士所吃的奶酪则是有名无实，是用杏仁奶和鱼汤制作而成的。

奶牛是中世纪的修道院里饲养的一种重要家畜，许多修道院也是远近闻名的奶酪生产商。修道士们很少直接饮用牛奶，却会食用大量的奶酪。生活在山区和养牛区的农民，也懂得奶酪制作这门高贵的技艺。许多修道院都拥有大片大片的土地，并把这些土地当作夏季牧场，出租给农民。德国的农民，整个夏天都可以租用高山上的小屋和草地，连同其中的奶酪锅和其他的奶酪与黄油制作工具。租金是用奶酪来支付的；因此，到了夏末，那些拥有土地的大修道院就可以收到多达数万块的奶酪。修道院里的修道士也会远道而来，为农民的田地和牲畜祈福；这样做，他们也会收到大块的奶酪作为回报。

上层家庭在烹制食物时，熟奶酪主要用在羹汤和烘焙制品中。奶酪制作过程中会形成一种奶状的汤液，可用于烹饪，而新鲜或未熟的奶酪则很适合添加到各种糕点中去。

奶酪有硬酪、软酪和鲜酪之分。硬酪由全脂牛奶制成，干后呈轮状；软酪则是用半脱脂牛奶制成，变硬之前使用。至于新鲜的未熟奶酪，则类

图 62

两个人抬着一大块奶酪，选自奥拉乌斯·马格纳斯所作的一幅木刻版画。奶酪也是童话故事里的素材。狐狸与乌鸦这个古老的寓言故事，可以说流传甚广。乌鸦既贪食，又喜欢听别人的奉承，狡猾的狐狸则有炉火纯青的恭维手段。乌鸦叼来了一块奶酪，飞到树枝高处，准备美餐一顿。狐狸便开始奉承乌鸦，引诱乌鸦唱歌。乌鸦沾沾自喜地张开嘴巴，奶酪却掉到了地上。狐狸抓起奶酪，一口吞了下去。这个故事的寓意就是，智者不会落入阿谀奉承与甜言蜜语的圈套当中，因为阿谀奉承与甜言蜜语只会给人带来麻烦。

似于我们如今所知的凝乳和乳清奶酪。中世纪的医学认为，时间不长的未熟奶酪性质寒湿，因而应当谨慎使用。陈年熟酪的性质较为温热，但很干燥（之所以如此，部分在于其中含有盐分），故使用时也须小心。中度成熟的奶酪最安全。

在意大利，奶酪也被人们以多种方式大量用于烹饪当中。就像如今一样，奶酪配意大利面也备受时人推崇。人们把硬奶酪磨碎，添加到烘焙食品、羹汤和香肠馅料里。其中，人们最喜欢的奶酪就是帕尔马干酪（Parmesan）；这种干酪在国外也有市场。当时的穷人，则可以买到低价奶酪。

法国人对奶酪的评价也很高。14 世纪晚期编纂《巴黎主妇》这部集子的作者，甚至用韵文整理出了一份清单，说明了优质奶酪的标志：

Non mye blanc comme Helayne,

Non mye pleurant comme Magdalaine,

Non Argus, maiz du tout aveugle...

Tigneulx, rebelle, bien pesant

从营养角度看菜品分类

对于菜品及这些菜品中所含菜肴进行的分类，尤其是涉及上层社会的正式宴会时各道菜品的分类，都建立在一些保健指南所持的观点基础之上。为了确保食物得到充分吸收，将所吃菜肴的最佳顺序考虑进去这一点很重要，因为当时的人认为，消化不良会导致可怕的后果。人们认为消化过程类似于成熟过程，故有些做法大错特错，比如说在一顿饭刚开始的时候，就吃意大利的里科塔乳清干酪（ricotta cheese）。胃部是一座“人体烤炉”，需要很长的时间和力气才能转变成营养的食物，应当到了就餐快告结束的时候才吃。

开胃酒菜会“打开”一个人的胃，“开胃酒菜”（aperitif）这个术语，源自拉丁语中的“*aperire*”一词，意思就是“打开”。它既可以是固体食物，也可以是液体饮品，只要其特性有助于我们所吃的其他食物下行至胃部，使得胃部消化良好就行。空腹时饮用适量的葡萄酒就具有开胃作用，可以激发食欲。水果适宜做第一道菜，其中桃子尤宜，但甜瓜、樱桃、草莓和葡萄也很不错；油醋莴苣、卷心菜、水煮蛋、蜂蜜，用茴香、葛缕子或者松子制成的加糖糕点，都是如此。

现在，胃部已经做好准备，可以接纳后续各道菜肴了。首先上桌的是易于消化的清淡肉菜，比如鸡肉和乳山羊肉，还有一些焖炖菜肴，比如炖蔬菜或者炖肉。实际上，绝大多数羹汤都是在一顿饭刚开始时上桌食用；而在这一阶段，《巴黎主妇》（1392—1394）一书的作者还推荐了一些东西，比如加香葡萄酒、果饼与馅饼、烧韭菜、豆类与蔬菜、杏仁乳煮肉、羹汤和苹果卷。

过后，像梨、栗子这样难以消化的水果，像牛肉、猪肉这样难以消化的肉类，以及用不同酱料烤制的大片牛肉和猪肉，就是适合推荐的菜肴了。最后一道主菜，可以是野味或者鱼类菜肴。如果上的是鱼，那么随后应当立即上坚果，因为坚果性质干燥，能够消除鱼肉中多余的湿气。另一方面，如果这道主菜是肉，那么随后完全可以选择根块菜肴或水果，或者年头不久、不是太干的奶酪。

饭后，胃部必须“封闭”起来，用有助于消化的东西再次对已吃的食物进行加热。起身离桌之前，最宜食用的是各种甜味烤制糕点，以及沾有糖霜或者夹有甜味奶油的薄饼，还有味道清淡的蛋糕、果脯、生姜、肉桂、芫荽糖果和加香饮品。加香饮品当中，属“希波克拉斯酒”[①]最负盛名。由于食糖具有出色的助消化性质，故一顿饭开始和结束的时候都可以吃糖。上桌的水果都会撒上糖或抹上蜂蜜糖浆，或者捣成加香的甜味果泥。水果既可以是新鲜的，也可以是像梅干和葡萄干这样的干果；只要用餐结束时所吃的加香甜点能够促进消化，同时又能让就餐者呼出的气味清新怡人就行了。

---

① 希波克拉斯酒（hippocras），中世纪欧洲的一种加香甜味药酒，主要流行于英国，用葡萄酒及香料调制而成。

图 63
里科塔乳清干酪制作工正在工作，选自《健康全书》（1474）中的一幅插图。

图 64

奶酪铺子。插画家绘出了柜台上一杆带有滑动砝码的秤，以及一把用于切割奶酪的锋利刀子。

cordo psalterio: cum cantico

图 65
一个女人正在给一只母鸡和一群小鸡喂食，选自《鲁特瑞尔诗篇》中的一幅插画。

翻译过来就是说，优质奶酪的颜色不会像“特洛伊的海伦”（Helen of Troy）的脸色那样苍白，不会像“抹大拉的马利亚”哭泣时的双眼那样水汪汪，也会不像古希腊神话中百眼巨人阿尔戈斯（Argus）那样孔眼众多，而是会外硬内实，厚重有分量。

奶酪通常都是配上一片面包或者一些果脯，直接食用。昂贝圆柱奶酪[①]中，还用了坚果、杏仁、干无花果和葡萄干调味。带有蜂蜜味、缓慢发酵成熟的蓝奶酪，当时很受人们的欢迎。比如说，用绵羊奶制成的洛克福羊乳干酪（Roquefort），就是如今我们依然熟知的一种奶酪。

“圣马塞琳”（St Marcellin）是一种很小的圆形奶酪，曾因一桩涉及

① 昂贝圆柱奶酪（Fourme d'Ambert cheese），法国原产于奥维涅区（Auvergne）的一种蓝纹奶酪，因最早使用昂贝小镇（Ambert）附近牧场所产的牛奶制作而得名，属于世界上品质最佳的奶酪之一。

图 66
15 世纪的一位教士正在征收市场税。

法国国王路易十一世（Louis XI）的事情而变得闻名遐迩。有一天，这位国王正在韦科尔（Vercors）狩猎时，遇到了一只熊。听到他的呼救声之后，一些勇敢的伐木工率先救下了国王，然后又让国王吃了他们所带的面包和奶酪。国王非常喜欢那种奶酪酸咸而带有果仁味的淡雅风味，便当场将救下他的那些人封为贵族。在中世纪，圣马塞琳奶酪是用山羊奶制作的，但到如今，人们主要都是用牛奶来制造这种奶酪了。

奶酪馅饼当中，人们最喜欢的是“马罗瓦勒奶酪饼”（flamiche au maroilles）；它也是上层人士举办的高雅宴会上的一道佳肴。马罗瓦勒是一种浅色的软酪，用牛奶制成，味道浑郁而不浓烈。用“布里干酪”（Brie）制成的一种姜味奶酪馅饼，在当时也广为流行。

蛋类：无所不在、无所不能的食材

在中世纪，人们曾经大量而很有创造性地使用鸡蛋。每户农家都有鸡舍，饲养母鸡和公鸡，而许多城镇居民也会饲养一两只母鸡来生蛋。鸡蛋很受人们的青睐，鹅蛋则是一种更了不起的美味。富人还很推崇鹧鸪蛋、野鸡蛋、鸭蛋和鸽子蛋。至于孔雀蛋和鸵鸟蛋，当时既不常见，人们也觉得不好吃。

从留存至今的史料来看，当时的修道院也饲养家禽，也吃蛋类（尤其是鸡蛋），且烹饪中使用的鸡蛋数量实在惊人。比如在中世纪的鼎盛时期，法国的克吕尼隐修院（Cluny Abbey）里，每人每天竟然可以吃 30 个鸡蛋；在现代读者看来，这个数字可能令人震惊。据说，英国的一位修道院院长还曾提议，将每次所吃鸡蛋的最高限额提至 55 个。据 15 世纪温彻斯特（Winchester）一座修道院的账簿记载，一个 30 口之家在斋戒期间的一顿饭中，第一道菜就会吃掉 400 颗鸡蛋，接下来还会享用三文鱼、鳕鱼和沙丁鱼。蛋类在北欧各国的民众当中也广受欢迎，不论贫富贵贱，都是如此。据约翰公爵在图尔库城堡的宫廷账簿记载，光是 1563 年一年，他们吃掉的鸡蛋就不下于 17 208 个。

蛋类之所以广受人们欢迎，是因为蛋类具有诸多用途。中世纪的食谱集子当中，都含有大量要用到蛋类的烹饪指南；同样，本书搜集整理的许多食谱当中也含有蛋类，或是作为配菜，或是作为一道菜肴当中的主要食材。在中世纪的厨房里，人们曾用蛋类为羹汤和酱料增稠，让糕点和果冻凝固，以及制作奶酪。在不同的蛋类菜肴当中，蛋类可以烹煮、作馅、煎炒、盅焗、水煮、炖煮或者搅打成煎蛋卷；蛋卷既可以是原味，也可以用奶酪和草本香料调味。在特殊场合下，人们还可以费尽心思地烹制出一些成本高昂的蛋类菜肴，比如鸡蛋填烤鹅，或者用花椒、蜂蜜和番红花炖制鸡蛋。在高雅的宴会之上，人们会用鸡蛋奶酪配葡萄、葡萄干、杏仁和蛋糕，作为甜点上桌享用。

就餐礼仪之优劣

与如今一样，中世纪既有一些在就餐时和在其他场合下邋遢而举止无礼的人，也有一些重视礼仪并且干净整洁、举止端庄的人。除了一些编年史，比如法国诗人兼历史学家让·莫利内[①]的作品，对勃艮第宫廷严格的就餐礼仪进行了深入细致的描述之外，同时期的一些行为手册，也在一定程度上说明了一些与就餐相关的习俗与规矩。中世纪先后出版过许多关于礼仪的指南书籍。12 世纪初彼得·阿方索[②]撰写的拉丁语作品《神职人员训诫》（*Disciplina Clericalis*）属于最早的出版物之一，而鹿特丹的伊拉斯谟于 1530 年撰写了一部论述男孩礼仪的专著《儿童礼仪》（*De civilitate morum puerilium*），献给年轻的勃艮第的亨利（Henry of Burgundy），它也是其中较为有名的一部作品。

伊拉斯谟关于就餐礼仪的教导，既具多样性，又符合传统，其关注焦点集中在清洁、冷静和节制等方面。“若是在席上坐立不安，先把重心放在臀部一边，接着又转移到另一边，就会给人留下您在不断地放屁，或者想要放屁的印象……有些人刚一坐下，就迫不及待地把手伸向盛放食物的餐盘。这种做法，有如饿狼。”就餐者不应毫不客气地吃遍所有菜肴，应当只吃摆在自己面前的菜肴。就算有些菜肴似乎令人无法抗拒，也应把部分或者全部留给他人才算有礼貌。

吃饭时囫囵吞枣，有如鹳鸟或者小丑，而狼吞虎咽则与盗贼无异。就餐者不能将饭菜一股脑儿塞进嘴里，使得两颊像风箱一样鼓起来。“有些人在咀嚼食物的时候会大张其口，像猪一样发出呼噜呼噜的声音。再则，

---

① 让·莫利内（Jean Molinet，1435—1507），法国诗人、编年史作家兼作曲家，因将法国长诗《玫瑰传奇》（*Roman de la rose*）翻译成散文而闻名。他曾在勃艮第公爵“大胆查理”手下任过职，并且撰写了一部 1474—1504 年的编年史。

② 彼得·阿方索（Petrus Alphonsi，生卒年不详），犹太裔西班牙医生、作家、天文学家兼辩论家，著有《与犹太人的对话》（*Dialogi contra Iudaeos*）和《神职人员训诫》等作品。后者其实是一部东方寓言故事集。

还有一些人在吞咽食物的时候会用鼻子使劲呼吸，似乎喘不过气来似的。”伊拉斯谟如此写道。嘴里塞满食物时说话，这种做法既不礼貌，也不安全。

吃个不停和喝个不停，会给人们留下此人智力有问题的印象，而在就餐时挠头、剔牙、摆弄餐叉、指手画脚、咳嗽、清嗓子和吐痰，也是如此。不过，这种行为有没有可能仅仅是源自一种狭隘的不自信呢?

就餐的时候，不时停一停，专心与其他就餐者交谈，是一种可取的做法。然而，就算不得不坐在那里聆听别人高谈阔论，自己没有机会参与交谈，一个人也应当小心地掩盖好自己的无聊之态。就餐时，一个人坐在那里陷入沉思，或者任由自己的目光游移不定，都是不礼貌的做法。最糟糕的行为就是转过头去，偷窥邻桌的情况。

骨头和其他食物残渣，不能随手扔到餐桌底下，不能丢弃于地上，也不能把它们扫到桌布上，更不用说把它们扔回上菜的盘子中了。相反，就餐者应当把这种东西放在自己所用的餐盘边缘，或者放到专装剩菜剩饭的盘子里。把餐桌上的食物扔给别人的狗去吃，是一种很不得体的做法，而在就餐过程中抚弄狗狗，就更是一种轻率鲁莽的举止。

郁郁寡欢并在其他就餐者之间散布悲伤的情绪，也是不礼貌的。一场节庆大餐的特点应当是欢乐，但我们在就餐时也不应显得过分夸张得兴高采烈，或者任性妄为。我们不应当做一些有可能影响到就餐气氛的扫兴之事。嘲笑不在场的人，或者嘲笑那些因为没有经验而在参加节庆盛宴过程中失礼的人，是一种错误的做法。同样，对主人招待的饭菜吹毛求疵，既不礼貌，也显得不知感恩。主人若是彬彬有礼的话，自己就会为所办宴会的低调而致歉。盛赞自己所在的那一餐，并且提醒别人注意所办宴会的花费，也会让受邀的宾客大倒胃口。

上述行为礼仪书籍中，都详细列举了一些不文明的行为；但这一点并不足以证明这些不文明行为曾经大行其道。古时的教谕方法，尤其是中世纪晚期的教谕方法，往往都是强调事物的消极方面，采用的是归罪与恐吓的策略。举例来说，当时关于来世的说教，就更强调地狱之火和诅咒，而不是强调天堂和所有的美好事物。与今人普遍持有的看法相反，中世纪的人既欣赏良好的就餐礼仪，也遵循着这些礼仪，还因此而极其重视就餐礼仪。由于与宴就餐在当时是一项公共活动，出现的频率比如今高得多，故人们还不遗余力，把社会可以接纳的行为从小就教给了孩子们。

图 67

15 世纪的瓦莱里乌斯·马克西姆斯（Valerius Maximus）所作手稿《大事记》（*Memorabilia*）的一幅插画中，分别描绘了良好的就餐礼仪和不良的就餐举止。

第 八 章

神圣的甜点

DIVINE DESSERTS

图 68

《淑女与独角兽》(*The Lady and the Unicorn*)这幅挂毯的主题，就是5种感官。这幅挂毯是为国王查理七世(King Charles VII)的朝臣让·勒维特(Jean Le Viste)编织的。在专门描述味觉的那块挂毯中，独角兽与狮子所举的三角旗和所披的盔甲上，都带有让·勒维特的家族纹章。画中的淑女正从仆人端着的糖果盘里取糖果。在她的脚边，一只猴子正在吃浆果或者糖果，这强调了场景所传达的信息。在中世纪的感官等级中，视觉居于首位，其次则是听觉、嗅觉、味觉和触觉。人们既将感官视为获得领会力的基本工具，也将它们视为能够让人们误入歧途、陷入诱惑和犯下罪孽的危险武器。

如今我们所知的众多甜食和甜味糕点，中世纪的人们其实早已熟知。话虽如此，可当时的人还没有巧克力，也无其他带有可可味和香草味的甜食可选。布丁和果冻很适合做甜点，比如非常喜庆的双色杏仁牛奶布丁；这道甜品是 14 世纪晚期的法国大厨泰尔冯做给王室主宾享用的。

正如前文所述，甜味美食与甜味糕点非但是当时一顿节庆大餐的开宴菜，而且事实上主要是用于大餐的最后几道菜品中。起身离桌之后，主宾都会饮用希波克拉斯酒（一种加香葡萄酒），搭配口味清淡的糕点。接下来，主宾可能还会在一个单独的房间里享用姜汁蜜饯和其他的点心。

诱人的点心

中世纪的许多蛋糕和甜味糕点，都被人们等同于各种宗教修会，因为当时的大量烘焙食品都是修道院制作出来的。古人最喜欢的有些糕点品种已经一去不返，比如“伯尔纳丹”（bernardins）；它是由一个与之同名的修道会烹制出来的，后来很快就成了一种广受欢迎、朝圣者争相购买的糕点。在宗教节日期间，修道士们常常在教堂门口向信徒们分发小小的干蛋糕或者薄脆饼干；这些东西，如今在法国依然称为咸饼（craquelins）、干蛋糕（macarons）和杏仁甜饼（massepains）。“纳内特”（Nonettes，即“小修女”）是一种很小的圆形香料蛋糕，而长方形的“萨克瑞斯坦因”（sacristains，即“教堂司事”）则源自普罗旺斯，是用千层饼卷冰糖制成的。还有名称很滑稽的“佩茨德纳恩”（pets-de-nonne，意指“修女的屁”）和“苏皮尔德纳恩”（soupirs de nonne，意指“修女的叹息”），它们都是奶油馅的糕点。

用于制作广受欢迎的“奥布莱”（oublyes）饼干的面团，跟制作圣饼所用的面团类似。修道院里的修士晚餐时也会吃这种饼干，在复活节和其他一些节日里尤其如此。圣饼旨在说明基督的纯洁，因而应呈纯白色；这个要求是13世纪的多明我会神学家托马斯·阿奎那明确提出来的。人们

图69

在杰拉德·大卫（Gerard David）这幅描绘一场婚宴的画作当中，仆人端上了一块蛋糕，切肉师则正在餐桌前切肉。在中世纪的宴会上，将甜食、甜味糕点与可口菜肴同时上桌，是一种并不罕见的做法。比如说，在德国的一场盛宴上，宾客可以享用到胡椒酱烤野鸡、加糖米饭、姜汁鳟鱼和糖衣薄煎饼，第三道菜还会以一些糕点而告结束。特别是在狂欢节期间，欧洲各地的人都会尽情享用甜味的面包产品、煎饼、薄饼，以及加了糖、香料、坚果或果脯的蛋糕。

会用网眼最细的筛子，筛出白色的小麦面粉，有时甚至还会往面团中加入白垩粉，使之变得更白。

“比韦尔”(Bibers，即德语里的“海狸”)饼用面粉、蜂蜜和杏仁糊制成，起初都是在德国的修道院里焙制。有人认为，如今的姜味酥饼最初也是德国的一座修道院开发出来的。当时，人们也曾烤制各种各样的饼干来出售。这种饼干都很少用于烹饪；也就是说，人们不会把这些饼干弄碎，因此它们的保质期必须很长才行。

当时，蛋奶烘饼也销量很大，因为它们既可以直接食用，也可以用作馅饼的顶层或者底层。一到圣徒的节日，大城市里出售蛋奶烘饼和糕点的小贩们就会推着装有轮子的烤炉，向路人兜售他们刚刚烤制出来的糕点。在法国，这些街头商贩的作用十分重要，并且深受人们喜爱，以至于他们还从专业的糖果行业公会中分离出来，成立了自己的同业公会。蛋奶烘饼、薄饼、煎饼和油炸馅饼非但广受当时下层民众的欢迎，在富人阶层中也很流行。英国国王爱德华四世（Edward IV，1442—1483）的宫廷里，还雇用了一位专门的蛋奶烘饼制作师，而在英国上层人士举办的宴会上，从头到尾可能都有蛋奶烘饼可吃。

油炸馅饼，或者说类似于薄饼或煎饼的油炸糕点，则是另一种糕点了。制作油炸馅饼的面糊，是用面粉和鸡蛋烹制而成的。意大利的油炸馅饼，一般都是甜的。人们会用食糖和玫瑰水为其调味，并且推荐用不同的水果做馅。草本香料、花朵和新鲜奶酪也可以用来油炸，而美味的油炸馅饼中一般都会含有鱼肉或者鱼卵。在意大利和英国，油炸馅饼中有时也会用到酵母，但这种原料在其他糕点中却很少使用。英国人常常把啤酒加入面糊中，而水果、根块类蔬菜和新鲜奶酪则是人们油炸时的常见选择。

油炸馅饼是用油煎炸出来的，然后配上食糖或者蜂蜜食用。酥脆饼（cryspes）可与油炸饼相媲美，是一种具有类似性质、脂肪含量高的特色糕点。

图 70

头顶果盘的女人，选自多梅尼科·基兰达约（Domenico Ghirlandaio，1449—1494）一幅壁画中的细节图。当时的人无视医生和其他学者提出的理论和警告，还食用苹果、梨子、桃子、李子、樱桃、无花果、枣椰和葡萄干，且食用的是未经加工的新鲜水果。人们大量售卖不同的果品，它们要么是在野外采摘而得，要么就是果园和菜园里种植出来的。

果香的诱惑

在中世纪，水果、坚果和浆果是每个社会阶层日常饮食中的组成部分，而最容易获得的果品，也就是人们最常食用的果品。菠萝、椰子和奇异果，都是今人最喜欢的水果，但当时它们都还没有引入欧洲；而香蕉虽说已为时人所知，却被他们拒之于外。新鲜水果、蜜饯水果和干果，都是在一顿饭刚开始和结束时享用。在英国的王室宫廷里，掌管糕点与香料的人也负责处理从王室果园采购应季水果的事宜，为特定的场合和时间量身定制。就连穷人也能吃到水果，他们平时给孩子的奖赏，就是水果和坚果。

在上层人士的晚餐当中，水果、坚果和浆果起到的常常是一种补充搭配的作用。水果既被当成一餐中独立的组成部分享用，也会与烹制的各种饭菜一同上桌。每逢节庆，人们就会用水果和蔬菜拼盘，配上肉或鱼，当成凉拌沙拉食用。人们通常在正式宴会上相对较早的时候，或者在上第三道菜的期间享用水果，还有可能在吃完甜点之后，紧接着将水果作为最后一道菜端上桌。医学专家认为生涩或没有成熟的水果不易消化，因此不推荐人们食用。如果端上桌来的是没有成熟的水果，那就必须搭配据说具有助消化这种反向作用的食材才能食用，比如希波克拉斯酒、硬奶酪、坚果或者加糖香料。

长期以来，人们对水果的选择都取决于当时是一年中的哪个时节。夏末果品成熟的季节，人们的选择余地最大；而对于穷人来说，这也是一个让他们吃到最常见果品的大好时机。长途运输水果既费时又费钱，且储存水果也是件难事。

柑橘类水果、无花果、枣椰和石榴，在地中海沿岸的温带国家中最容易买到。它们还通过贸易，卖到了其他地方；但在北欧国家中，除了富人，几乎很少有人去吃这些水果。这里的无花果出口到了遥远的波罗的海地区；葡萄干、枣椰和柑橘类水果，也是如此。当时的人并不是食用柑橘本身，而是将其榨汁，用来给糕点、鱼类菜肴和酱料调味。另一方面，欧洲各地都广泛种有苹果树、梨树、温柏、李树和葡萄藤。英国是从荷兰和法国进口水果，来补足国内的供应。

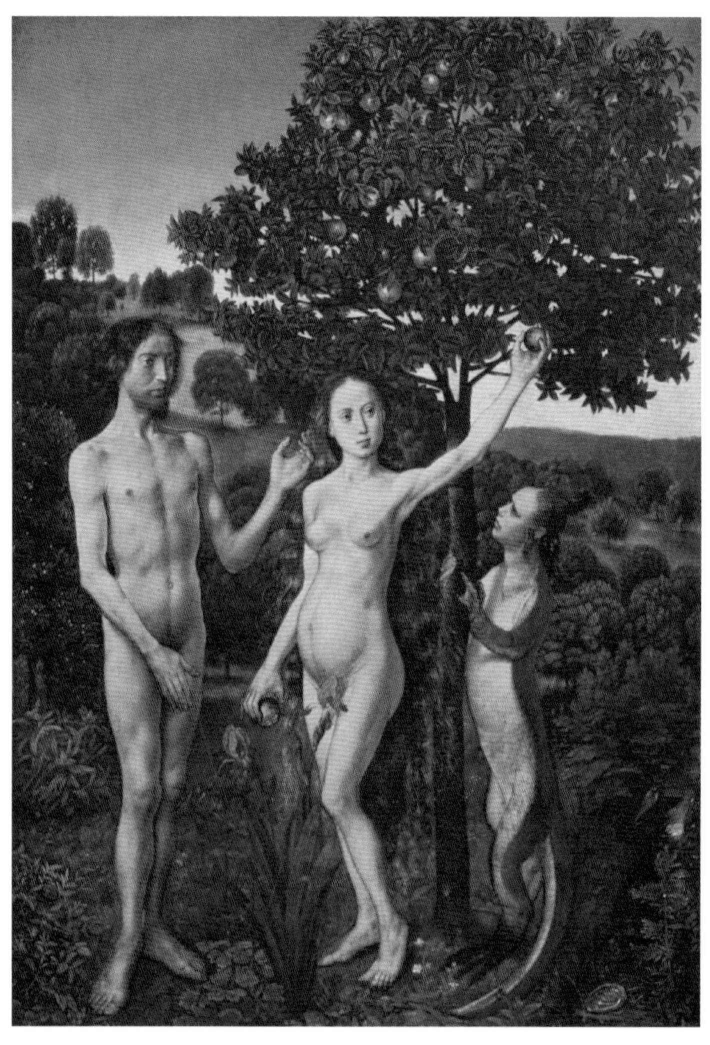

图 71

天堂中的亚当（Adam）、夏娃（Eve）、苹果和蛇，选自雨果·凡·德尔·高斯（Hugo van der Goes）的一幅油画。在中世纪，苹果是人们最常食用的一种水果。它们很容易获得，因为田野里有野生的苹果树。苹果，尤其是伊甸园里那棵智慧之树（Tree of Knowledge）上所结的苹果，是诱惑和原罪的象征。中世纪的许多宗教插画里，导致亚当和夏娃堕落的苹果都是含在蛇的嘴里。有些画作把基督圣婴绘成抓着一个苹果，从而将世间罪孽一力承担的形象。苹果的甜美滋味，也被人们阐释成诱惑的象征。在非宗教寓言中，苹果因为其形状而成了宇宙的象征；比如说，除了权杖，统治者手中经常会举着一个刻画着大地的“帝王苹果”。早在古代，石榴就通过腓尼基人（Phoenicians）的转运，来到了地中海沿岸地区。由于其中全都是籽，故石榴很快就变成了硕果累累的象征。在基督教寓言中，人们宣称石榴是神的赐福和天堂之爱的象征，而其红色的果汁则被认为暗指殉道者所流的血。

公元前300年左右，亚历山大大帝（Alexander the Great）将桃子和杏子引入了欧洲。其时，中国种植桃树和杏树的历史已有数千年之久。桃子又称“波斯李”（学名为“Prunus persica”），在中世纪晚期曾备受人们推崇。在中世纪的基督教插画中，桃子象征着“三位一体”[①]、救赎和真理。古希腊人和古罗马人还给杏子起了个绰号，称之为“太阳下的金蛋”。杏与桃子、李子、樱桃、杏仁及苦杏仁都有亲缘关系。在北欧地区，人们直到16世纪才开始种植杏树。

穷人最熟悉的水果就是苹果和梨子。在士绅们的餐桌之上，用这两种水果烹制的菜肴既精致香甜，又味美可口；它们可以用来装点菜肴。此外，还可以用它们榨汁，来烹制食物；在这种情况下，果汁的用法与醋无异。苹果酒也是用苹果酿制而成的。英国人曾创造性地将苹果制成配菜，搭配肉类菜肴享用；德国人曾在高雅的宴会上，用黄油焖苹果来搭配美味的主菜。将苹果放在热灰当中焙烤是当时冬季里流行的一种消遣方式。梨子则是经常用糖水加葡萄酒烹煮，汤液中通常还会加入蜂蜜和肉桂。

起初，人们都是任由植物或多或少地处于野生状态，直到中世纪晚期，才开始日益重视对果树与园林植物的照管。世俗和宗教领域的上层阶级以及刚刚富裕起来的中产阶层的帮助和扶持，加上人们刚刚发掘的种种口味开始日益全面流行起来，导致商业性的果树栽培与园林管理得到了发展。人们认为，意大利是园艺领域的先驱；比如说，除了已有的一些新奇果品，到中世纪鼎盛时期，像柑橘之类的水果就为意大利南部各地普遍接受了。

由于新鲜水果难以储存，而医学专家也不建议生吃水果，故当时的人常常会以这种或那种方式对水果进行加工。用糖水烹煮或者制作成果酱或果泥，是一种流行的方法，因为食糖和蜂蜜能够消除水果那些有害特性，确保水果可以长时间保存。将红葡萄酒浓缩成糖浆状，也能让水果保存一

① “三位一体”（Holy Trinity），基督教的一种理论和教义，认为圣父、圣子、圣灵为同一本体，只是位格不同：圣父是耶和华上帝，圣子是肉身降世的耶稣基督，圣灵是在复活节降临的再临基督。

图 72

在希罗尼穆斯·博斯的画作中，草莓、覆盆子、醋栗果和樱桃都象征着感官享乐与美德的堕落。然而，在描绘天堂、圣母马利亚和圣婴耶稣的作品当中，浆果常常却具有肯定的含义。尽管《圣经》中从未提及，但人们普遍都把草莓视为天堂里的一种浆果。草莓叶开 3 片，象征着“三位一体”；白色的花朵，象征着纯洁与谦卑；而其红色的浆果，则象征着基督的苦难与死亡。不过，也有一些中世纪学者认为，果树长得越高，所结的水果也就越高贵。据此，人们对草莓这样长得低矮的植物持有怀疑态度，就是理所当然的了。

段时间。当时，水果被人们大量用于酱料和糕点食品的烹制当中，还可以煎炸或者在明火上烧烤。

前文已经说过，当时的人曾普遍使用干果，比如葡萄干、红醋栗干、梅干、干枣椰和干无花果。据医学专家称，干果可推荐用于不同的馅料、糕点和肉菜当中，因为干果能锁住水分、给食物增甜。人们还用干果做成干果羹汤或者干果菜肴，比方说果片汤（hasteletes of fruyt）或串烤水果，它们都适合在斋戒期内食用。

4 000 多年前，中国就已种植李树了。在远东地区，李子象征着春季和青春年少。这种水果在古代就已为人们所知，但一直要到十字军东征时期，才在西欧开始普遍种植。中世纪的修道院都拥有面积广袤的李子园，而新的品种也在一些地方大力开发了出来，比如说 16 世纪的法国。直到 17 世纪，芬兰才开始广泛种植李树。在中世纪的厨房里，李子干或者梅干用于众多的菜肴当中，只是人们也会食用新鲜的李子。据 15 世纪的意大利学者巴托洛米欧・普拉提纳的权威观点，人们认为李子干是一种很好的开胃菜，因为它们可以舒缓和改善肠道的功能，能够温热胆汁和生津止渴。在中世纪的基督教画作中，李子经常象征着虔敬，但也有可能具有不同的含意，这取决于李子的颜色。在描绘基督不同生活阶段的画作当中，紫色李子象征着救世主[①]的苦难与死亡，金黄色的李子代表着美德，红色李子则代表着兄弟之爱。

枣椰最初究竟出现在哪个地区，人们并未确切得知，但世人所知的这种树，却已有 3 000 年的历史。枣椰树生长在干燥的亚热带地区，尤其是生长在绿洲附近。熟透了的枣椰味道甜蜜，只是晒干之后甜度会稍有降低。新鲜的枣椰不易保存，北方地区罕有出售，但干枣椰一年四季都可以买到。

另一方面，无花果则是原产于小亚细亚（Asia Minor）。如今，热带和亚热带地区也广泛种植着无花果树。成熟的无花果味道虽甜，却带有一丝酸涩，干无花果则要更甜一些。在中世纪的艺术作品中，无花果树常常

① 救世主（Redeemer），也就是耶稣基督。

出现在描绘天堂的画作里；身处天堂的亚当和夏娃身上，只披着无花果叶。古时候，除了葡萄藤，无花果树也是狄俄尼索斯（Dionysus）和普里阿普斯（Priapus）两位神灵的象征；前者最初是古希腊神话中的生育之神，后来又成了酒神 [在古罗马神话中称为“巴克斯”（Bacchus）]，后者则是一位掌管生育的小神，有一根永久性地勃起的巨大阴茎。中世纪的人还认为，拉丁语里的“*peccare*”即“犯罪”一词，源自希伯来语中的“*pag*”即“无花果”。那种淫秽下流的“*mano fica*”，即“无花果手势”[①]，是所有欧洲人都懂的侮辱。在基督教里，“枯萎的无花果树”还有代表犹太教（Judaism）或异端的象征意义（不妨比较一下《马太福音》21:19）[②]；反之，一棵果实累累的无花果树，却象征着天国中宁静而祥和的日子。

草莓红，蓝莓蓝

在中世纪，浆果的用途跟水果完全一样，只是浆果的保质期比水果更短罢了。当然，晒干之后，浆果的保质期就要久得多了。据说，当时的上流社会在烹制食物时使用浆果的情况，并不像使用水果那样频繁，只不过我们除了烹饪指南和账簿上的明细之外，就没有别的史料来加以证实了；在这个问题上，我们很难形成一种准确的观点，因为当时所吃的新鲜食品很少像其他食物一样，正儿八经地被人们在日记账和手稿中记录下来。

近来的考古研究表明，野生浆果在北欧各国的食品行业中发挥过重要的作用。波罗的海地区最常见的品种，就是属于蔷薇科的覆盆子。人们对覆盆子的实际栽培，始于 16 世纪。黑醋栗与红醋栗要到中世纪晚期，才开始被人们大量食用。黑醋栗的栽培始于法国北部、佛兰德斯和欧洲大陆

① 无花果手势，即拇指插入其余卷曲的四指之间、中指明显模仿性交的一种手势，因为无花果在俚语中有女性生殖器的意思。

② 《马太福音》21: 19:“(耶稣)看见路旁有一棵无花果树，就走到跟前，在树上找不着什么，不过有叶子。就对树说：‘从今以后，你永不结果子！’那无花果树就立刻枯干了。”（引自和合本《圣经·新约》）

图 73

15 世纪埃夫拉尔·德·艾斯皮奎思所作的一幅微型画作中，一名顾客正在查看无花果商贩出售的无花果。选自巴塞洛缪斯·盎格里库斯①的《事物特性》（*On the Properties of Things*，法语书名为 *De proprietatibus rerum*）。

的北部，然后又从那里传播到了英国。中欧地区从 16 世纪开始种植红醋栗，而这两种浆果，都在 17 世纪传到了斯堪的纳维亚半岛上。芬兰栽培历史最悠久的醋栗果品种是“荷兰红醋栗”（Red Dutch）与“荷兰白醋栗”（White

① 巴塞洛缪斯·盎格里库斯（Bartholomeus Anglicus，1203—1272），13 世纪法国的一名英裔学者兼方济各会修士，其所著的《事物特性》是一部曾经广为流传的百科全书。此人的名字也可译为“英格兰人巴塞洛缪斯”（Bartholomew the Englishman）。

Dutch），1665 年以来出版的一些文献中就提及了这两个品种。

波罗的海地区的考古资料也表明，当时这一地区有草莓、蓝莓、花楸莓和樱桃，只是这些果品在文献资料中几乎从未提及罢了。在斯德哥尔摩的圣灵岛（Helgeandsholmen）这座小岛上，考古人员则发掘出了西洋李、李子、苹果、无花果和樱桃的种子，以及黑刺李、稠李、玫瑰果、覆盆子、草莓、云莓、蓝莓、榛子和核桃的种子。

浆果对人们的整体健康具有种种积极的作用，这一点很快就得到了证实。宾根的希尔德加德（1098—1179）曾推荐人们用黑刺李来治疗许多的疾病。自古以来，具有治疗功效的浆果类，即能够结出浆果的植物，就被人们用于治疗胆结石、咳嗽、肺结核和其他的炎症。现代研究也已得出了大量的科学证据，表明野生浆果对人们的整体健康具有积极的作用。比如说，研究已经证明，蔓越莓能够成功地预防尿道炎症。

英国的烹饪书籍中提到了黑莓、草莓和玫瑰果，称它们都可以用葡萄酒来烹制。杏仁奶也适合作为烹制浆果类食物的汤汁。草莓和樱桃可用于搭配肉类，前者可用在像骨髓馅饼这样的菜肴中。这种搭配在如今的我们看来，可能会显得非常怪异。当时的草莓既有野生的，也有园里种植的；12 世纪或 13 世纪，人们就开始普遍在园子里种植草莓了。（如今那种个头很大的园栽草莓学名为“*Fragaria x ananassa*”，是从 19 世纪才开始栽培的。）尽管当时的医学专家出于健康原因而不赞成人们食用未经加工的浆果，可即便是在精致高雅的盛宴上，人们还是会享用像新鲜草莓这样的水果。比如，1497 年夏季伦敦金匠同业公会（Goldsmiths' Guild）举办的一场宴会上，人们所吃的每道菜都配有糖拌的新鲜草莓。

凯尔特人（Celtic）和爱尔兰人（Irish）的神话中，对野生浆果都有一种非常古怪的说法。在一个古老的故事当中，莱尔[①]和佩娜尔丁（Penarddun）的女儿，也就是爱与美的女神布兰温（Branwen）曾把自己变成一颗野草莓。在古老的芬兰民间传说当中，蓝莓和野草莓能够诱惑采摘草莓的人走上歧路；或者说，它们可能拥有魔力。浆果还激发出了人们的灵感，使之创作

① 莱尔（Llyr），凯尔特神话故事中的海神，其名字在爱尔兰语里拼作“Ler”或“Lir”，意指“大海”。

出了许多的歌谣、诗作、谚语和寓言。比如“酸葡萄”（sour grapes）这种说法，就是在伊索（Aesop，约公元前 620—前 560）的一个寓言故事中创造出来的，只不过西方的绝大多数译本都把“葡萄”换成了“酸浆果”。到了芬兰，酸葡萄又变成了酸花楸莓。寓言当中的那只狐狸，徒然地对一棵树上的浆果垂涎三尺，最终虽然承认了失败，却说那些浆果都是酸的，然后悻悻地不再想要摘取了。这个故事的寓意就是，人类往往会对自己得不到的东西吹毛求疵。不过，花楸莓的确是酸的；而在中世纪的北欧国家中，人们还将花楸莓制成一种类似于葡萄酒的饮品。

需要砸开的坚果[1]

在中世纪的饮食当中，坚果类植物也扮演过一个重要的角色。当时，花生还不为人们所知，但胡桃、榛子、开心果、松子、栗子和杏仁等坚果，却早已成了中世纪大户人家的厨房里随时可用的食材。至于这些坚果的价格，实际上可能相当昂贵；不过，它们的果仁都是烹制甜味和咸味特色菜肴时的精美原料。

在意大利，坚果油是一种珍贵的食用油。有一种奶糊，也是用坚果制成的 [即核桃糊（*latte di noce*）]，只是这种奶糊没有杏仁乳那样常用。在英国，人们也曾将坚果制成坚果乳。胡桃和榛子，也是波罗的海沿岸地区饮食文化中的组成部分。考古研究已经发现，芬兰在 14 世纪就有了胡桃。

在中世纪的法国和其他一些地区，栗子曾是普通百姓的一种主食。当时，人们不但直接食用这种坚果，也会用栗子搭配肉菜和鱼菜，或者将栗子磨制成粉。每到 10 月，农民就会组织丰收盛宴，享用新鲜的栗子或者烤栗子。简单煮熟的栗子可与各种各样的食物搭配，还可以烤制或者磨成栗子粉。尽管人们把栗子看作二流食材，可意大利的烹饪书籍中还是提到了这种坚果，只是英国的烹饪书籍中却并未提及。

---

① 标题原文为“Nuts to Crack”，这里有双关义，因为“（hard）nuts to crack”是英文中的一个谚语，指“棘手的难题”。

图 74

一把人脸胡桃夹子。就其象征意义而言，坚果在中世纪曾极受人们推崇，因为其坚硬的外壳之下，包藏着一颗珍贵的内核。在故事和传说当中，坚果本身具有众多奇妙的天赋。希波的奥古斯丁（Augustine of Hippo，354—430）曾认为，坚果的外壳代表着基督的圣体，注定要承受莫大的苦难；而其果核则象征着基督的圣谕，能够滋养人类的灵魂，并且能够在果油的作用之下，让人类看到光明。

杏树所结的果实并非一种真正的坚果，而是一种核果，即一种果中有核、核中有籽的水果。在中世纪的食品经济当中，杏仁尤其拥有无与伦比的重要性。杏仁用途广泛，价格却相当昂贵。杏树需要气候暖和才能生长，因此不宜在北方栽种。上层人家主要是用杏仁来制作杏仁乳或者杏仁奶油，它们都是用杏仁粉加上汤液调制而成的。阿拉伯人把杏仁乳的概念引入了欧洲，他们还用杏仁提取物来为酱料增稠或者调味。在欧洲人为斋戒期创造出来的那些菜肴中，杏仁乳都是一种基本成分；但在平时，欧洲人也会大量使用杏仁奶。

添加到食物当中之前，杏仁会去壳或者焯水，会磨制成粉或者经过煎炒。人们之所以喜欢焯过水的杏仁，是因为焯水之后，杏仁的颜色显得洁白美丽；不过，人们也会使用去壳的杏仁。炒杏仁很适合装点菜肴。杏仁可以撒在汤里，可以用葡萄酒或啤酒烹煮，或者用于制作杏仁膏。众所周知的是，中世纪的菜单上既有肉类和鱼类菜肴，也有单独的杏仁菜肴。和

餐桌上的视觉享受：色彩与美感

中世纪是一个崇尚美学的时代，人们不仅通过味觉来传达，也曾通过视觉来传达愉悦感。在上层社会的饮食文化当中，丰富、美感和象征意义，就是人们最优先看重的三个方面。食物应当能够吸引人们的目光，因而当时的人特别注意菜肴的形状与颜色。按照选定的主题，菜肴经过复杂的安排被组合起来，并且饰以宗教或者政治符号。这些符号又可以借助经文和铭文，进一步加以阐述。意大利饺子和意式馄饨，曾被刻成马蹄、圆环、动物或者文字的形状。肉和鱼裹在透明的肉冻里，凝固成种种复杂的形状，着实惊人。馅饼皮上饰有表现历史或神话主题的图案，这些图案在发制面团的时候就已定型。涂上番红花或者蛋黄之后，从素菜到肉类的任何一种菜肴，都可以华丽地呈现于就餐者面前，同时还会让人们感受到一丝惊喜。至于酱料，厨师们也会利用颜色让食客大饱眼福，并且刺激就餐者的食欲。法国王室主厨泰尔冯选择的酱料颜色，与他的非凡厨艺相得益彰：水煮鱼用绿色酱料，烤鱼用橙色酱料，而煎鱼则用棕色酱料。

在节日大菜当中，人们尤其会使用亮丽、丰富而充满活力的颜色。他们用筛子反复过滤食物，使之达到鲜亮的效果。中世纪的文化崇尚色彩，给色彩赋予了极其重要的象征意义。一道菜肴可以根据颜色来命名。大量精挑细选的根块类蔬菜、植物、蘑菇、木材、矿物、香草和调料，像蛋黄与吐司面包一样，都被用于给食物上色。

金黄色主要是用番红花调制出来的，但番红花的价格非常昂贵。另一方面，由于番红花中的色素效果优异，故只需少量番红花，就可为整份食物上色。借助番红花糊，厨师可以让烤肉的外皮或馅饼皮呈现一种漂亮而光滑闪亮的金黄色。尽管用得不是很普遍，但真正的金箔与银箔，也可用于给食物上色。让食物变成黄色时，最廉价的一种办法就是使用蛋黄。

当时的菜单上，经常列有白色或者浅色的菜肴；之所以如此，或是因为这些菜肴具有象征意义，或是为了让它们与深色食物形成对比，并将二者区分开来。白布丁在中世纪称为“奶冻”，它是节庆盛宴上广受人们喜爱的一道菜肴，其中的关键成分就是杏仁乳。绿色是将欧芹放在白葡萄酒或者其他任何一种淡色汤液中烹煮而成的。从紫苏汁、菠菜汁、薄荷、锦葵、酢浆草、麦草和坚果树叶中，也可以提取绿色。用于给酱料和糕点上色的绿色汤液，几乎可以从每一种厨用草本植物当中提取。

红色是从樱桃、其他红色浆果和葡萄的汁液，以及从玫瑰花瓣、檀香木和紫草（也就是染匠所用的牛舌草）等多种植物中提取出来的。蓝色源自蓝莓、楼斗菜芽和矢车菊。同样，棕色是从肉桂和像提子之类的

图 75

对图中参加宴会的贵族而言，正在上桌的烤天鹅和一个野猪头，就是这场宴会上最精彩的两道菜。在中世纪的文化中，白色使得天鹅成了纯洁与美丽的象征。众所周知的是，在英国的米迦勒节（Michaelmas）和圣诞节（Christmas）这两场节日宴会中，即在王室举办的盛宴上，会有野猪头这道菜。取回一头野猪身上的某些部位（比如野猪的睾丸），是贵族的一种特权；而这种特别的奖赏，又只属于杀死了野猪的那位贵族。

干果中提取出来的，而黑色则来自黑葡萄、梅干、煮鸡肝、禽畜血和烤焦的面包。

人们对于色彩的偏好，是各不相同的。比如说，意大利的上层人士最喜欢金黄色、绿色和白色。绘画资料和考古证据都表明，当时的意大利人布置餐桌时也强调使用黄、白两色；至于手段，就是使用亚麻桌布、布置装饰品，并且用贵重金属装点所上的菜肴。金色在英国也曾流行一时，红色的流行程度则甚于意大利，因为红色和金色是英国王室的颜色。在中世纪的文化中，金色通常最受人们尊敬；然而，普通的黄色则最为人们不喜。到了中世纪晚期，蓝色取代了红色而流行起来；不过，这种普遍的趋势无疑与布匹织物有关，而不是食品潮流导致的。

当时，将各种颜色组合起来的做法也很常见，故食品可以变得五颜六色。在糕点当中，不同颜色的馅料可以分层使用。同一个菜盘里可以有数种颜色：要么是被染成不同颜色的菜肴，要么就是同一道菜分成两个颜色区域；后面那种图案，称为“派对图案”（party pattern）。当时的人也用过棋盘图案。像玫瑰、接骨木花、山楂花、报春花和紫罗兰等鲜花，都能给食物和餐桌摆设增添色彩。总而言之，人们都期待上层社会餐桌上的食物以及食物周围看上去都显得不同凡响，并且运用得丰富多样的色彩。一场节日大餐不仅仅是各种食物的总和，而应是一个具有美感的整体，包括菜肴的呈现及其摆放方式、音乐和场面，同时还有饭菜本身的质量。

《烹饪之法》（约 1390）一书中，既介绍了制作一座“馅饼城堡”的方法，还让我们深入了解到，在为士绅们举办的宴会设计膳食结构时，当时的人是如何运用色彩的。首先，用面团做好“地基”和“塔楼”。“塔楼”必须在烤炉里预先烤好。“城堡”中央的那座“塔楼”，是用番红花上色的猪肉加鸡蛋作馅填充而成，而四周的“塔楼”，则是用杏仁奶油、牛奶和鸡蛋做成的馅料，再用檀香木染成红色之后加以填充。接下来，就将组装起来的“城堡”放入烤炉中焙烤。还可以用另一种馅料来填充“塔楼”，即用无花果、葡萄干、苹果和梨子制成的一种棕色面糊。假如愿意的话，绿色的水果布丁也可以用作馅料。

其他坚果一样，人们也会在用餐之后享用杏仁蜜饯来促进消化。

杏仁乳可以烹制成各种各样的仿造乳制品，供人们在斋戒日里食用。杏仁酪和仿黄油煎蛋就是两个最好的例子。英国的一份食谱曾建议说，可以在鸡蛋上开个洞，将里面的蛋黄蛋清吹出来，再注入一种以杏仁乳为基本原料的加香混合物，以此取而代之；这种混合物中，有一部分已经先用番红花染成了黄色。做这道菜需要一定的技巧，才能让其中的“蛋黄”与“蛋白”保持分离，并且最终在不打破的情况下，焙制这个仿造鸡蛋。

第 九 章

希波克拉斯酒与蜂蜜酒

OF HIPPOCRAS AND MEAD

图 76

《格里马尼祈祷书》(*Grimani Breviary*)里的一幅微型画作中，人们正在城堡的围墙下采摘葡萄，而在湖的对岸，有人正从树上采摘秋天的水果。公元前 3000 年左右，埃及和近东地区就已开始栽培葡萄。随着基督教的发展壮大，欧洲各地都开始兴建修道院，葡萄园的数量也随之增加了。每座修道院都有自己的葡萄园，而酿造葡萄酒也成了修道院最重要的收入来源。在托斯卡纳①、莱茵河（Rhine）与罗讷河（Rhone）流域，以及香槟地区②和阿维尼翁，最发达的葡萄酒产区全都位于主教辖区的周围。

---

① 托斯卡纳（Tuscany），意大利的一个行政区，以其美丽的风景和丰富的艺术遗产而著称，也是意大利最知名的一个葡萄酒产区。

② 香槟地区（Champagne），法国巴黎以东的一个地区，是法国三大葡萄酒产区（波尔多、香槟和勃艮第）之一。

在中世纪的欧洲，咖啡、茶和可可还是人们并不熟悉的东西。吃饭的时候，人们喝的通常都是葡萄酒和啤酒。由于普通的水经常受到污染，因此人们就餐时很少喝，甚至也不用普通的水来解渴。人们只信得过纯净的泉水。受人尊敬的百科全书编纂者巴塞洛缪斯·盎格里库斯在13世纪曾经宣称，向北流淌的泉水品质最佳，因为北风会让泉水变得更好，让水质变得更轻。根据安全程度来排序，泉水之后是河水、湖水、池塘水和沼泽水；将后面4种水煮沸之后饮用，这种做法始终都是合情合理的。医学专家认为吃饭时不宜喝水，因为水具有寒、湿的特性，无益于消化。另一方面，酒精饮品却富有营养、干净清洁，并且有益于消化。

智者之酒

在中世纪的法国、意大利和西班牙，葡萄酒是人们最主要的一种饮品。城镇居民平均每天要喝1升葡萄酒，而农民和体力劳动者平均每天则要喝1.5升到2升。当时，葡萄酒的品种繁多，既有红葡萄酒，也有白葡萄酒。白葡萄酒是用白葡萄或者去了皮的黑葡萄酿制而成，酿制不久即发酵之后很快就可以饮用。红葡萄酒则是连皮酿制，而酿造时间也更久。葡萄酒的品质和价格差异巨大：只有富裕的世俗人士和高级神职人员，才喝得起质量最上乘和价格最昂贵的红葡萄酒。品质较低劣、价格较便宜的葡萄酒，比如白葡萄酒和桃红葡萄酒，它们的酒精含量很低，据体积来算，大约只有 5%。绝大多数人喝的都是这些酒，并且通常还会掺水稀释，形成一种具有解渴作用的饮品，可以整天饮用而不至于喝醉。

社会、经济、农业和区域环境，都对葡萄酒的质量和价格产生了影响。在气候暖和的南方地区，葡萄非常容易种植，故葡萄酒的输出成本也相对较低。国际葡萄酒贸易开始蓬勃发展起来，有大量的葡萄酒可供那些有能力购买的人去选择了。佛兰德人热衷于从法国西部进口葡萄酒，再转运到低地国家[①]和德国北部各州，英国的葡萄酒贸易则集中在法国的一些商业性港口和汉萨同盟内部。法国西南部的加斯科尼省（Gascony）在 1152—1453 年间曾为英国所占，那里出产的优质葡萄酒，足以满足英国国内的需

图 77

北欧国家中的饮酒场景，选自奥拉乌斯・马格纳斯作品中的一幅木刻版画。北方人民自然喜欢喝酒。米卡尔・阿格里科拉在他的那部祈祷书里称，10 月是葡萄成熟、可以采摘的季节，冬天也即将降临。树叶从枝头纷纷落下，而在肉铺里，屠夫的棍棒也击上了待宰牲畜的脑门。他鼓励人们在此时沐浴、拔罐和放血，但不能进行任何一种涉及腰部以下的活动。人们应当饮用新酿的葡萄酒，因为这种酒能够清洁身体，同时还应喝山羊奶和绵羊奶。饮品中可以添加胡椒和丁香。阿格里科拉用芬兰语里的“*viina*”一词表示烈性酒，而不是用英语中的“wine”（葡萄酒），可他实际上并非指蒸馏过的烈性酒。喝山羊奶和绵羊奶是出于健康原因，而胡椒和丁香则是中世纪许多饮品当中流行的两种香料。

① 低地国家（Low Countries），欧洲大陆西北沿海的荷兰、比利时和卢森堡三国的统称，因它们的平均海拔很低而得名。

求。欧洲北部的气候不利于葡萄的生长，故是从欧洲其他地区进口葡萄酒。西班牙出产的葡萄酒广受人们欢迎，其口感浓郁醇厚。据说葡萄酒能够治疗众多疾病，比如促进人的内脏功能、让受到感染的伤口变干燥，以及增强肺部的功能。在北欧城市的酒吧里，人们很容易就能喝到价格合理的法国和德国葡萄酒。

甜味的加香葡萄酒在中世纪晚期很流行，但人们就餐时并不会边吃饭菜边喝这种酒，而是将其当成餐前的开胃酒或者餐后的消化酒，并且通常只是少量饮用。中世纪最负盛名的加香葡萄酒，就是希波克拉斯酒。这种酒得名于希波克拉底（Hippocrates，约公元前 460—约前 370），此人是古希腊的一位医生，人称“医学之父”。中世纪的众多食谱集子和烹饪手稿中，都有对希波克拉斯酒酿制之法的说明。这种酒的配料大相径庭，而它们的配方也反映出了不同时期的经济变革、个人和地区性的口味偏好情况；但其中的关键成分，通常都是红葡萄酒配食糖和磨制成粉的香料。其中的香料一般都是生姜、肉桂和胡椒，偶尔也有肉豆蔻和丁香。调料铺子里都有配好的希波克拉斯酒香料，可以直接加入酒中，从而让那些忙碌或者懒惰的主妇免去了在烹制晚餐过程中要调配香料的麻烦。

从大麦到啤酒

在英国、尼德兰[①]、德国和北欧各国，人们通常都是吃饭的时候饮用啤酒。希波克拉底本人曾对这种用大麦酿制而成的酒品大加赞赏。到了 16 世纪，奥拉乌斯·马格纳斯则描述了北欧各国的人用麦芽酿造啤酒的方法。首先，将浸泡过和发了芽的谷物晒干，在这一过程中，谷物会变甜。接下来，在磨坊对谷物进行粗磨，然后倒进热水，使之膨胀和进一步增甜。再将由此形成的糊状物过滤，用另一个容器盛放，并往滤液中加入啤酒花，使之

① 尼德兰（Netherlands），欧洲古地名，相当于今天的荷兰、比利时、卢森堡和法国东北部。

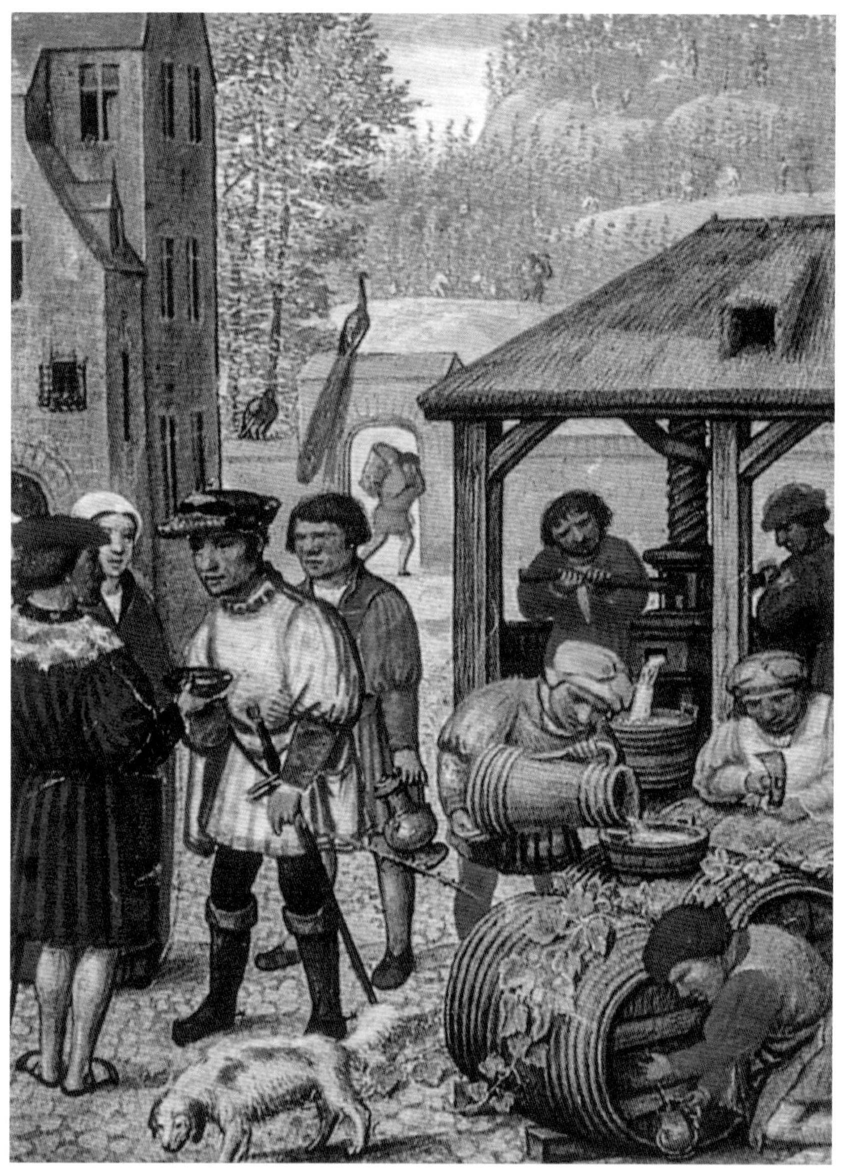

图 78

人们正在检查和品尝新酿的葡萄酒，选自中世纪的一幅微型画作。当时的学者认为，优质葡萄酒具有性质温、干的特点，因此他们推荐健康的成年人在用餐时饮用葡萄酒。适量饮用的话，葡萄酒能够强健关节、促进消化、消除忧郁和疼痛、恢复愉快的心情，并且预防衰老。在葡萄酒中加入金粉，可以制成一种增强心脏功能的药剂。早晨起床后先饮上一小口葡萄酒，甚至可以消除宿醉；这种方法，如今有许多人仍在提倡。另一方面，质量低劣的葡萄酒则会带来与优质葡萄酒相反的作用，因而对人体健康有害。意大利皮埃蒙特的医生贾科莫·阿尔比尼（Giacomo Albini）在其所著的《保持健康》（*De sanitatis custodia*，1314）一书中曾经指出，不能给 5 岁以下的儿童喝任何葡萄酒，而 14 岁以下的孩子也只能喝少量兑了水的葡萄酒，并且只能在吃饭时喝。鹿特丹的伊拉斯谟还一再重申，葡萄酒和啤酒都有损于年轻人的健康与气质。因此，即便是在没有水喝的情况下，年轻人最好也只喝用水稀释过的淡啤酒或葡萄酒。晚年出现的蛀牙、面部浮肿、视力受损和嗜睡等现象（换句话来说，就是过早衰老），都是对未稀释的葡萄酒产生了依赖性的结果。

图 79

正在劳作的酿酒工，选自中世纪的一幅木刻版画。在欧洲南部的葡萄酒产区，人们常常都瞧不上饮用啤酒的习惯。学者们在著作中都认为，啤酒和麦酒虽优于水，却比不上葡萄酒。13 世纪《萨勒诺养生法》（*Regimen sanitatis Salernitanum*）或者《萨勒诺健康守则》（*Salernian Rule of Health*）一诗的作者，曾经强调过适度饮用啤酒的重要性，因为喝啤酒导致的酒醉状态，比喝葡萄酒带来的不良影响更加严重。然而，在一顿饭刚开始时喝啤酒，可能比喝葡萄酒要好。锡耶纳的阿尔多布兰迪诺曾警告说，啤酒既有损于头部和胃部，还会导致口臭并损坏牙齿。另一方面，啤酒却有利尿作用，还能让皮肤变得美白和柔软。英国医生兼作家安德鲁伊·波尔德（Andrewe Boorde，约 1490—1549）解释了麦酒与啤酒之间的区别：麦酒是用麦芽和水酿制而成，是英国人的首选饮品。啤酒则是用麦芽、啤酒花和水酿造而成，属于荷兰人的首选饮品。直到 1525 年，啤酒花这种植物才从佛兰德斯引入英国，可低地国家使用啤酒花的历史，此时已有数百年了。14 世纪时，荷兰小镇阿默斯福特（Amersfoort）就有差不多 350 家啤酒酿造厂，可哈勒姆（Haarlem）却只有 50 家。“戈达尔”（Godale）是法国当时的一种流行饮品，它是用大麦和小麦酿制、类似于啤酒却没有用啤酒花的一种烈性酒。麦酒中可以添加各种各样的香料；在英国，加香麦酒称为“布拉格特”（braggot）或者“布拉科特”（brakott）。

达到所需的甜度或酸度。我们还可以加入少量的老啤酒渣滓，将其当作“发酵剂”，然后任其发酵，直到酿制成酒。大麦啤酒对治疗胸痛和缓解焦虑很有益处。用同样的方法，人们也可用小麦和燕麦酿造出一种类似于啤酒的饮品。当时的人很少用黑麦来酿制啤酒，因为黑麦主要用于制作面包。与欧洲其他地区不同的是，除了王室宫廷、贵族家庭或者大型的修道院，北欧国家中酿制啤酒的任务，常常都落在女人肩上。

酒类酿造之前，人们加工谷物的方法各不相同，而酿制工艺本身也是如此。奥拉乌斯·马格纳斯认为，芬兰人最善于用燕麦酿造啤酒。这种啤酒，能够提高人们吃苦耐劳的本领，甚至能够帮助饮用者完成最棘

图 80

图中这些装饰性的酒杯［称为“库萨”（kousa）］，属于中世纪晚期芬兰西南部之人所用的那种精致大啤酒杯。在欧洲北部，无论是工作日还是节日，人们都会大量饮用啤酒。在芬兰，啤酒也是人们日常饮食中的重要组成部分。纳塔里修道院（Naantali Abbey）曾有自己的啤酒厂。修道院里有规定，品质最佳的啤酒专供啤酒厂经理享用，次等啤酒留给修道士与修女们，其余的则供朝圣者购买。在瑞典的修道院里，修士们每天可以分到 3 升啤酒；而恩雪平医院每天也会给患者喝上两杯啤酒，且患者们都是星期三喝脱脂奶、星期六喝牛奶。根据瑞典国王古斯塔夫·瓦萨（Gustav Vasa，1496—1560）所下的命令，军队里级别最高的军官应当喝所谓的“贵族啤酒”，级别较低的军官喝“长官啤酒”，其他人则一律应喝“乡绅啤酒”或者淡味的“海军啤酒”。当时，“贵族啤酒”的酒精度大致与如今的桶装啤酒差不多。在中世纪早期的北欧各国，给啤酒增添风味所需的啤酒花，是从德意志北部汉萨同盟的商人手中购买的。1442 年，国王克里斯托弗（King Christopher）颁布的《土地法》（Land Acts），规定所有农民和佃农都必须种植 40 株啤酒花。1474 年，种植株数增加到了 200 株。若是不遵守这一法令，则有可能受到惩处。这样做旨在平衡国家的经济。最新的考古研究表明，当时的芬兰曾经广泛种植啤酒花。

手的任务。这种燕麦啤酒不像有些葡萄酒，它们不会让人陷入一种狂暴状态，也不会导致女性不孕，而是恰好与之相反。燕麦啤酒还能治疗水肿、肾结石以及其他许多疾病。同样，一个人越往南方走，会觉得葡萄酒的品质越好，而返回途中越是离北方近，就越会觉得啤酒更爽口。日耳曼民族自然都是以他们酿造的葡萄酒和啤酒而闻名，这两种酒类也都出口到了北欧各国。早在公元 1000 年，圣加尔修道院就拥有 3 座大型的啤酒酿造厂，其中每家都酿造一种不同的啤酒品种。教会曾经颁发过啤酒厂的经营许可证，而如今我们所知的、历史最悠久的，当数由列日主教（Bishop of Liège）诺特克（Notker）颁发的那 947 份许可证。德国修道院里啤酒酿造厂数量的持续增长，也体现在修道士们曾患上各种健康疾病，比如水肿、与膀胱和前列腺相关的疾病当中；然而，这些疾病实际上都不是饮用啤酒导致的。

苹果酒、蜂蜜酒和烈酒

在中世纪，人们常常也会将果汁利用起来，不管是新鲜果汁还是发酵果汁，都得到了充分利用。北方地区尤其如此。苹果酒（德语称为“*Zider*”，法语称为“*pommé*”）是当时一种极其常见的饮品。学者们认为，苹果酒尤其有益于那些性情暴躁、属于胆汁质的人和在户外工作的人。苹果的栽培历史已有数千年之久，最古老的文献资料可以追溯至公元前3000年左右；但在北欧各国，苹果栽培却到中世纪鼎盛时期才发展起来，与基督教的壮大、十字军东征及修道院里果园数量的日益增长保持同步。在芬兰，苹果的真正栽培始于15和16世纪。苹果栽培方面业已证实的第一批史料，来自帕拉宁（Parainen）的奎提亚庄园（Kuitia Manor）。芬兰的政府议员（State Councillor）埃里克·弗莱明（Erik Fleming）曾于1539年，在这个庄园里兴建了一座果园，其中的苹果树苗是从毗邻的塔林购买的。

当时，只要是种植了梨树和梨子也受人喜爱的地方，人们都会酿制梨酒（在法语中称为“*poiré*”）。人们还用野生李子（*prunellé*）、黑刺李或者桑葚（英国称为“murrey”，法国称为“*muré*”），发酵酿成各种与葡萄酒相似的饮品。它们全都广受欢迎，在英、法两国尤其如此。石榴饮料和石榴酒，在当时的意大利极其常见。北欧国家的人非但用苹果和梨子，还用花楸莓和枸杞酿制饮品，来代替葡萄酒。胡椒、生姜和丁香，用于给饮品调味。酿制饮品的其他常用植物，有鼠尾草、苦艾、芸香和熏衣草，用它们酿成的水果饮品，也分别以之命名。

在芬兰，普通百姓通常会在吃饭的时候饮用白脱奶（*piimä*）或者“卡利亚”，后者是一种淡味啤酒。这两种饮品，人们都会兑水进行稀释。蜂蜜酒、蜂蜜饮料、白脱奶和“卡利亚”，常常都是专为特殊场合而酿制的。掺有蜂蜜酒或者蜂蜜水的啤酒，也是节庆盛宴上很流行的一种饮品，在瑞典语中称为“*mjölska*”或者“*mölska*”。蜂蜜酒具有非常悠久的历史：自古以来，人们就用水来稀释蜂蜜，而在欧洲北部和凯尔特部落里则尤其如此。维京人认为，蜂蜜酒被赋予了种种神圣的力量，能给人类带来永生与智慧。芬兰语中意指“蜂蜜酒”的“*sima*”一词，是借用日耳曼语中的词汇，经由斯堪的纳维亚半岛传到芬兰的，起初与意指“蜂蜜”或“甘露”的“*mesi*”一词有关联。在其他地区，蜂蜜酒也各有其名，如在拉丁语里叫作“*medo*”和“*mellicrattum*”，在英、德两国称为“*mede*”，而在法国则称为“*bochet*”。

图 81

“酒政”（cup-bearer）是负责为王室和贵族家庭供应酒水的官员。

14 世纪晚期英国的一份蜂蜜酒配方，只是简单地提到了把蜂蜜放到水中烹煮。但在日耳曼各民族当中，蜂蜜酒却是一种较为流行的饮品，其酿造方法也较为复杂。法国 14 世纪晚期那部家居手册《巴黎主妇》一书中对蜂蜜酒酿制方法的说明也要求将蜂蜜发酵。

至于酒精度高、经过蒸馏的酒精饮品或者烈酒（*aqua vitae*），中世纪的人饮用得并不多，就餐时不会多喝。话虽如此，人们也有可能往加香葡萄酒和麦酒中加入少量的烈酒。中世纪的厨师，还会用酒精来实现各种涉及火焰的特殊效果。比如说，在王室宫廷举办的晚宴上，他们可以在两道菜之间有如变魔术一般，端出喷着火焰的龙或孔雀。

当时只有少量的酒属于蒸馏酒，而且直到中世纪末，酿制蒸馏酒的主要都是修道院。出售烈酒和提纯酒精饮品的现象，也集中于城市和药铺里。例如，在 13 和 14 世纪的纽伦堡（Nuremberg），药剂师可能出售不同牌子的酒精制品，比如“格布兰特酒”（*gebrannter Wein*）、“伯尔尼酒”（*Bernewein*）和“白兰地酒”（*Brandwein*）。至于价格，当时的普通百姓也买得起烈酒，因而随着时间的推移，饮用烈酒就逐渐变成了他们的日常习惯。

德意志的多明我会修士大阿尔伯特（Albert the Great，1193—1280），提出过两种用蒸馏来酿制烈酒的方法。当时的医学专家，曾对烈酒中的成分精纯、轻盈这一点推崇备至。据说，烈酒还能治疗多种疾病。1309 年，身为炼金术士、占星家兼医生的阿纳杜斯·德·维拉·诺瓦（Arnaldus de Villa Nova，1235—1311）曾写道，“生命之水”能够促进长寿与健康，因为酒类能够消除体内多余的液体，能够刺激心脏，让一个人保持青春活力。烈酒还能治疗水肿、绞痛、瘫痪、发烧畏冷和胆结石等病症。

图 82
魔鬼正在酒馆里尽情享乐、纵酒狂欢。中世纪的道学家和保守主义者都曾反复谴责过酗酒的行径。

酒馆：邪恶的殿堂

尽管中世纪的酒精饮料味道都很淡，但人们还是会喝醉。无论出身贵贱，不管是世俗之人还是神职人员，都是如此。当时的法庭记录表明，中世纪晚期发生的大多数暴力犯罪当中，酒都扮演了一个重要的角色。酒后的狂欢，尤其是在酒馆里的酒后狂欢，往往都会以暴力冲突和过失杀人而告终。因此，道学家把酒馆称为“邪恶的殿堂”不是没有道理的。正派的基督徒唯有对这些罪恶渊薮敬而远之、绕道而行，才有望避离此种祸根。

到了中世纪晚期，大城市成了酒馆云集的地方。在佛兰德斯的伊普尔镇（Ypres），当局曾经尽力在数量上加以限制，限定每 8 户人家 1 家酒馆。当时的巴黎，总共有 4 000 多家酒吧，每天售出 700 桶葡萄酒，而每桶葡萄酒大约有 120 升。酒馆都坐落在城门附近，因为那些地方都属于城镇里的繁华地带。诗人弗朗索瓦 · 维庸曾在其诗作当中提到了巴黎数家酒馆的名称，比如“大无花果树”“松果”“船舵”“白马”“骡子”“大酒杯”“酒桶”，等等。人们之所以经常光顾这些酒馆，并非仅仅是为了喝酒，也是为了赌博。当时并非所有的酒馆都会提供饭菜，可腌鲱鱼却经常能够买到，这种东西自然会让顾客们变得更加口干。

在北欧各国，客栈与酒馆都接待旅客，为旅客提供食宿，替旅客喂马。商人和工匠们都聚集在公共空间里，吃饭喝酒、讨论专业问题、赌博、唱歌和演奏音乐。

中世纪的传教士们，曾经勇敢地与酗酒这种可悲的罪过作斗争。道学家们也曾严肃地提醒人们注意，说一个虔诚的基督徒、一个体面正派和文明的人，在饮酒时应当做到适度。人们应当将饮食视为一种药物，旨在为个人带来幸福，而不是沉溺于任何一种快感当中。英国诗人杰弗里 · 乔叟（Geoffrey Chaucer，约 1343—1400）曾经指出，过量饮酒与醉酒会导致人们记忆力下降和无法作出正确的判断，而醉汉还很容易犯下其他的罪过与行为不端。

中世纪的许多编年史家都认为教化的目标极其重要，还讲述过酗酒导致危险的许多警世故事。一些圣徒的生平故事中，最常提倡的就是那种堪称典范的节制。其中就有法国编年史作家让 · 德 · 茹安维尔（Jean de Joinville，1225—1317）描述法国路易九世（Louis IX），也即“圣路易”（St Louis）的那部著名作品。同样，他们也强调了圣女贞德（Joan of Arc，死于 1431 年）的虔诚，让人们注意到一个事实：这位少女总是用水稀释自己所喝的葡萄酒，并且每次都只喝一小杯。

16 世纪的瑞典历史学家奥拉乌斯 · 马格纳斯，则引用古希腊哲学家柏拉图（Plato）的话提醒人们说，醉汉会再次变成孩童，即便没有导致过失杀人，醉酒也是一种应当受到惩处的罪行。任由自己喝醉是一种愚蠢的做法。过量饮酒，曾让法国人变得淫荡，让德国人变得喜欢争吵，让耶阿特人（Geats，居住在瑞典部分地区的一个北方日耳曼部落）变得桀骜不驯，让芬兰人变得喜欢哭泣，事实上，每一个醉鬼似乎都深受这些性格特质的困扰。奥拉乌斯·马格纳斯认为，惩罚醉汉的一种恰当办法，可能就是把此人置于一把可以借助绳索升到高处的楔形座椅上。给醉汉一杯斟得满满的啤酒，然后要他作出选择：是马上倒掉啤酒呢，还是继续坐在那把尖椅子上，经历想要喝酒所带来的后果。

中世纪一些行为礼仪书籍的作者，都对就餐时保持体面的饮酒习惯十分重视。在节庆盛宴上，人们也须在吃饭的同时节制饮用酒水。刚开餐时灌上一杯烈酒，就说明此人是个酒鬼，说明他不是因为体内缺水才去喝酒，而是纵情于一种习惯。这种行为，非但从道德上来看有损体面，而且有害于身体健康。一个人也不能尝完第一勺羹汤之后，马上就开始喝酒。人们认为，在一场宴会上喝两杯以上的酒，就算不是直接有损健康，也是一种不得体的行为，年轻人尤其不宜这样做。直到第二道菜上来，才能喝第一杯酒；直到宴会结束，才能喝第二杯酒。此外，据鹿特丹的伊拉斯谟称，酒水应当小口小口地抿，而不能一口气喝下去，因为后一种做法会让就餐者发出“像马儿吞咽饲料般的声音”。

您应当咀嚼完食物再举杯饮酒，并且应当用餐巾把嘴巴擦拭干净之后，才把酒杯举到嘴边；若是有人把他的酒杯递给您，或者您是用公共酒杯喝酒的话，则尤当如此。伊拉斯谟还忠告说：“出于同样的原因，您必须用心回敬任何一个向您举杯致意的人。应当举起您的酒杯，轻轻碰一碰嘴唇，让别人知道您也喝过了：这样做，就足以让一位彬彬有礼的绅士感到满意。”

一起喝酒的时候，应当允许人们畅所欲言。但是，过后将别人在就餐时可能不小心透露出来的事情说出去，却是一种无耻的行径。人们在席间所说和所做的一切，都可以归咎于喝了酒；只有这样，才不会有人觉得有必要说，他们讨厌跟记得席间所有事情的那种人一起喝酒。

第十章

寻找遗忘的味道世界

IN SEARCH OF A FORGOTTEN WORLD OF FLAVOURS

图 83

理查二世正在与约克（York）、格罗斯特（Gloucester）及爱尔兰的公爵们共进晚餐。英国最著名的食谱集《烹饪之法》，就是理查二世手下的厨师们创作的。

研究中世纪的饮食文化是一项既引人入胜，又充满挑战的任务。追溯过去的味道世界，可能看似野心不小。当然，即便是600年前，猪肉是猪肉的味道，生姜也是生姜的滋味；不过，用这些食材和其他配料烹制出的成品菜肴，真正的味道又是怎样呢？由于当时的食谱在细节方面令人恼火地守口如瓶，故人们所用食材和配料的准确数量、比例和烹制工艺一直都很不明朗；在这种情况下试图去找出上述问题的答案，可能会令人生畏。例如，重点研究中世纪音乐的编年史家会发现，他们也面临着一种相似的困境：仅仅根据古时的乐谱和现存的少量乐器，再加上当代作品中的一些插图，他们是很难说清14世纪到15世纪时的音乐听上去真正是个什么样子的。还有一个事实会让情况变得更加复杂，那就是中世纪时的知觉与感觉，比如享受或厌恶之类的感知都属于过去的情感，因此必须根据时间和地点来加以评价。如今我们觉得愉悦、和谐的东西，在过去的人看来，却有可能截然相反。

丰富的文字资料

在探究被人遗忘的味道世界时，文字资料、考古证据和图片文献就成了史学家们研究中世纪饮食的主要原始资料。正如前文所述，书面资料不仅包括烹饪书籍、食谱集子，还包括菜单、纳税记录、账簿、遗嘱、日记、编年史和百科全书，以及家居、健康、礼仪、狩猎和牲畜饲养等方面的手册，甚至包括一些虚构作品，从身披闪亮盔甲的骑士的传奇故事到童话和诗歌，都在其中。戏剧、祝酒歌、寓言和谚语，可能也派得上用场。

烹饪书籍、食谱集子和菜单，首要的是能让我们了解到当时上层社会的习俗、偏好和理想。孔雀、仙鹤和天鹅，当然并不是每个人都吃得起，而每家每户也并非都是用番红花、生姜和食糖来为饭菜调味。由于中世纪的烹饪书籍里往往都没有计量和烹饪说明，故饮食史学家在努力钻研和了解过去饮食的实际味道时，不得不进行大量的实验。而实验的结果在一定程度上往往都是猜测得来的；那么，他们最终得出的结果，与中世纪的厨师们最初创造出来的味道之间，又有多大的相似性呢？

日记式的账目，可以为研究人员提供当时的食物供应、质量和价格方面的情况。13 世纪的《米兰奇迹》（*De magnalibus Mediolani*）一书由伦巴第人邦维齐・德・拉・里瓦[①]所著，其中描述了米兰的种种奇闻逸事；这部作品就可以作为例子。15 世纪上半叶的《巴黎中产阶级杂志》，是值得我们注意的另一种书刊。这份杂志曾经刊有一位巴黎人的日记，其匿名作者提到了面包和其他杂货价格大幅上涨的情况，特别是在 1415—1419 年间："1 塞提尔（setier，相当于 156 升）小麦的售价是 4—5 个法郎，1 打小面包售价为 8 个苏……简而言之，所有东西的价格都涨到了原来的 4 倍。"1420 年 12 月，面包的价格再次上涨，为了买到面包，人们不得不从清晨就开始排队，还得用价格昂贵的葡萄酒讨好和贿赂面包师及其手下的学徒。接下来，作者又描述了穷人大声抗议、可怜的主妇们排成长队、她们的孩子在家里濒临饿死等方面的情况。

① 邦维齐・德・拉・里瓦（Bonvesin de la Riva，约 1240—1313），中世纪意大利米兰的一位世俗修士、拉丁语教师、著名的伦巴第诗人兼作家，除著有《米兰奇迹》一书外，还著有韵文《就餐五十礼》（*De quinquaginta curialitatibus ad mensam*）等作品。

图 84
各种量具、砝码和秤，是厨房基本设备中的一部分。尽管烹饪书籍中的说明很不准确，但在必要的时候，当时的人也会仔细对各种食材配料进行称量。

在编年史家的作品当中，我们可以看到对盛大宴会和对饥荒大肆蔓延两方面情况的描述。然而，我们有理由对这些文字资料持保留态度，因为其中也含有纯粹的宣传；比如，说皇帝查理五世曾经吃过烤马肉、猫肉冻、蜥蜴汤和其他种种怪异菜肴的内容，就是如此。即便是面对鹿特丹的伊拉斯谟以及其他道学家关于礼仪与酒馆的描述时，我们也应该考虑到，这些作者偶尔会把自己的说教与教化目标夹杂其中。其次，如今留存给我们的那些账簿，并未反映出当时私人家庭饮食的全部情况；比如说，账簿中并未列出自家果菜园种植的农产品，而当时的家庭规模也不一定描述得很清楚。遗嘱中可能描述了丧葬宴会的形式。屠夫的记录也会给研究人员提供有用的信息，比如其中会提到城市人口曾大量消费家畜肉类的事实。健康指南和医疗日程，比如《健康全书》，则是仔细地研究了影响到人类及其所处环境的所有要素，从而确定了哪些方面可能对个人健康有益或者有害。骑士文学可为我们提供一些零碎的资料，让我们得以一瞥当时贵族的消遣情况。小说和童话故事描述了人们的日常生活，可以提供富人和穷人消费情况方面的线索。其中的优秀范例，就是乔瓦尼·薄伽丘的《十日谈》、杰弗里·乔叟的《坎特伯雷故事集》（*The Canterbury Tales*），以及作者不详的“列那狐”（Reynard the Fox）的故事。我们还可以在诗歌当中找到一些有用的信息，比如弗朗索瓦·维庸的诗作。

图 85

厨子正在用一把可调整的钩子，把羊肉从一口大锅里捞出来。中世纪烹饪书籍中的食谱，通常都编撰得概括、简明而不准确，也并未提及厨房里通常发生的所有事情。很多情况下，食谱中并未明确说明食材的数量、烹饪的时间和温度。说到要把食物切小的时候，作者可能会用日常生活当中熟悉的事物来进行对照，比如“一指长”“坚果大小”“鸡蛋大小”和“一口大小”，等等。一些烹饪指南当中，作者也有可能引用当时之人熟悉的标准，比如烹制某种酱料时，要用念祷 5 遍“我们的天父”[①]或者步行 6 英里[②]所需的时间烹制。一直要到 15 世纪，机械手表才逐渐常见起来。

① “我们的天父”（Our Fathers），指《圣经 · 新约 · 马太福音》的第 5 章，为耶稣对世人的训诫。

② 英里（mile），英制长度单位，1 英里约合 1.61 千米。

考古研究与视觉艺术中的线索

考古学是我们探寻中世纪穷人饮食习惯时一个重要的研究领域。当时的储藏室、烤炉、垃圾桶和垃圾堆，都会为我们提供相关的研究资料。研究古时的一些田间杂草，比如矢车菊、麦仙翁（corn cockle）和紫草，研究它们传播和消失的方式，也可以让我们获得一些很有价值的信息。树木的年轮会让研究人员了解到中世纪的气候演变情况，因为某一年夏季若是有利于松树生长，那它自然也有利于粮食作物的生长。年景不好时，树木几乎不会形成年轮。例如，芬兰的松树在1267—1328年间的生长情况相当糟糕，而这一时期也出现了多个作物歉收的荒年。

研究中世纪的饮食文化时，建筑物上的壁画与嵌板、微型画作与木刻版画，也能为我们提供有用的信息。艺术家们都自觉地描绘出了他们所处的环境，甚至把一些久远的主题（常常源自《圣经》或者源自古代）带到了他们所处的时代，因而有不计其数的画作都为我们提供了重要的信息，让我们得以了解到当时人们的饮食习惯、所用食材、餐饮服务、菜肴外观等方面的情况。偶尔，图画资料还会透露出一些在文字资料当中并未提及的细节情况。画作可以帮助我们形成一种感知，从审美和视觉两个方面去领悟这种业已被人们遗忘的饮食文化，领悟到当时人们认为在正式场合下尤其重要的一些品质。比方说，一些描述性的研究资料会给我们提供面包的有用信息，也就是我们在烹饪书籍或菜单中发现不了的信息。在描绘就餐场景的画作中，我们会看到，面包通常都与其他饭菜一起上桌食用，并且要么是切成面包片，要么就是面包卷，或者整条面包。

换言之就是说，我们从各种原始资料中搜集到的一些证据，是相辅相成的。进行比较至关重要，因为仅凭书面资料的话，有可能导致我们得出的结论与基于考古发现得出的结论截然不同。例如，在波罗的海地区进行的考古发现表明，这里进口异国香料的情况，并不像人们基于书面资料所认为的那样普遍。考古研究获得的证据表明，当时野生浆果、植物和蔬菜的食用量，超过了不常提及它们的书面资料可能暗示出来的那种用量。以前我们都认为，上层人士极少食用蔬菜。我们还以为，购货账簿中几乎没

中世纪的烹饪书与食谱集

古罗马的厨艺是因美食家马库斯·加维乌斯·阿皮修斯（Marcus Gavius Apicius）编纂了一部被后人不断沿用的食谱集而闻名于世的。此人生活于1世纪，就是奥古斯都①和提比里乌斯②统治古罗马的那个时代。阿皮修斯之后，出现了一个漫长的间歇期；等到接下来的那批食谱集现世，已是近至14世纪初了。14世纪至15世纪期间的食谱集里，约有100部留存到了如今。但是，这些食谱集都并非独立创作而成，因为它们的作者都曾抄袭彼此之间和公共资料中的食谱。

在贪求口福这个方面，不同社会阶层之间的差异，比不同国家之间的差异更大。有许多的食谱，在欧洲不同地区的烹饪书籍当中都曾反复出现过。尽管食谱多有重复，但其中所用的配料和烹饪方法仍然具有一定程度的不同，也正是这些细微的差别让研究人员的工作变得极其有意思。

欧洲最早的烹饪书籍，都是一些综合性的作品。直到16世纪中叶，才出现了论述美食主义的专著；这些专著当中，除了供上层社会举办宴会所用的食谱，还含有日常烹饪方面的指南。中世纪留存至今的食谱集子里，绝大多数都在20世纪经过了重新编辑和出版，只有德国的一些简编食谱集子除外；其中的有些集子，仍有待世人去加以研究。德意志的食谱集当中，最负盛名的有：14世纪的《美食之书》（*Buch von guter Speize*），此书反映了当时维尔茨堡主教（Bishop of Würzburg）的口味偏好；《大厨埃伯哈德烹饪书》（*Kochbuch Meister Eberhards*），此书由15世

---

① 奥古斯都（Augustus，前63—公元14），古罗马帝国第一位皇帝和元首政制的创始人，全名“盖乌斯·屋大维·奥古斯都”（Gaius Octavius Augustus）［原名盖乌斯·屋大维·图里努斯（Gaius Octavian Thurinus），“奥古斯都”是元老院所赐，意为“神圣伟大”］，我们一般称之为“屋大维”。

② 提比里乌斯（Tiberius，前42—公元37），古罗马帝国的第二任皇帝，全名“提比里乌斯·克劳迪乌斯·尼禄”（Tiberius Claudius Nero）。此人是屋大维的养子，曾担任过杰曼尼亚的总督，后继任为皇帝。亦译“提庇留”“提比略”等。

纪初巴伐利亚宫廷里的主厨所撰写；以及 1495 年前后出版的《厨艺大师》（*Küchenmaistrey*）。

意大利的食谱集当中，值得一提的有 14 世纪的《烹饪方式专论》（*Tractatus de modo andi et condiendi ominia cibaria*），此书与那些从医学角度来论述食物的作品进行了全面细致的比较；有那不勒斯的《烹饪之书》（*Liber de coquina*），以及 14 世纪晚期、作者不详的实践用书《厨艺书》（*Il libro della cocina*）与《烹饪书》（*Il libro per cuoco*），分别出自托斯卡纳和威尼斯两地。15 世纪有一部值得注意的书籍，那就是让·德·博肯海姆（Jean de Bockenheim）所著的拉丁语烹饪书《厨艺录》（*Registrum coquine*，约 1430）。这位作者曾经担任过教皇马丁五世（Martin V）的主厨，而该书对食物的论述是多方面的，因为它将不同社会群体与不同民族喜欢的各种菜肴进行了区分。意大利最享盛名的作品当中，还有 15 世纪中叶马蒂诺大师（Maestro Martino）所撰的《烹饪艺术全书》（*Libro de arte coquinaria*）。此人曾在阿奎莱亚大牧首（Patriarch of Aquileia）家里当过厨师。这本书可能是面向范围更加广泛的读者的，因为其中含有的烹饪指南，较以前的烹饪书籍更为简单。不过，虽然在教会的最高圈子里工作，但在他所处的那个时代，马蒂诺大师却并未蜚声国内外。人文主义者兼作家巴托洛米欧·萨奇（Bartolomeo Sacchi，1421—1481）有一个更加广为人知的名字，即"梵蒂冈图书馆馆长"（Prefect of the Vatican Library）巴蒂斯塔·普拉提纳（Battista Platina）。此人在 1475 年出版的那部拉丁语作品《论可贵的快乐与健康》（*De honesta voluptate et valetudine*）中，曾将马蒂诺大师那 250 份食谱中的 240 份公之于众。新使用的印刷术，使得此书的译本传播到了欧洲的不同地区。在这部作品中，普拉提纳将隐藏于马蒂诺大师之烹饪技术背后的理论，与道德及社会主题融合了起来。

享有盛名的英语文献，则有 14 世纪带有说教口吻的《美食纷呈》（*Diuersa Cibaria*），以及更加全面的《烹饪多样化》（*Diuersa Servisa*）。然而，其中最有名的还是 1390 年左右出版的《烹饪之法》。此书由理查二世（1377—1399 年在位）手下的主厨和医学专家合作编纂而成。15 世纪有数部食谱集仍然留存至今，其中包括《厨艺助益》（*Utilis Coquinario*）和《烹饪艺术》（*Liber Cure Cocorum*），以及《烹汤录》（*Kalendare de Potages*）、《奶品年鉴》（Leche Metys）、《烘焙大全》（*Dyuerse Bakematis*，约 1430）、《烹饪之书》（*A Boke of Kokery*，约 1450）和《烹饪全书》（*A Noble Boke off Cookryn*，约 1460）。15 世纪的许多烹饪书籍都源自非王室家庭，因而准确地描述了前一个世纪遗留下来的传统。

法语地区有许多作者不详的书籍保存了下来，其中有些书籍上都标有一位大厨的名字。以《饮馔录》为名流传于世的作品当中，最有名的一部早在 14 世纪初期就已编纂出来，只是后来才跟纪尧姆·泰尔冯扯上关系，此人曾在法国国王查理五世和查理六世的宫廷中担任过御用主厨一职。《巴黎主妇》（1392—1394）一书中的食谱部分，也算得上法国最著名的食谱集子之一。该书的第一部分论述的是基督徒的妻子应有的行为和应尽的义务，第二部分论述如何做一名家庭主妇和如何操持家务，第三部分论述的则是休闲活动。此书由一位富有且上了一定年纪的巴黎市民或者公务员所撰，是给他那位时年 15 岁的新婚妻子作参考之用，其中含有那个时代最受人们青睐的众多食谱。在此书的 380 条烹饪指南当中，约有 85 条摘自食谱集《饮馔录》。此书的烹饪说明，较一般情况更为具体，还配有批判性的评语，其目标读者并非专业厨师，而是烹饪领域里的新手。法国的烹饪作品当中，我们还要提及《大厨名菜》（*Grand cuisinier de toute cuisine*）和《论烹饪》（*Du fait de cuisine*）两书；后者成书于 1420 年，对前文提及的《饮馔录》和《巴黎主妇》两书进行了补充。《论烹饪》由担任过萨伏依大公阿曼德斯八世御用主厨一职的大师奇卡尔所创，其中对于像烹饪方法这些方面的解释，要比同时代的其他烹饪书籍更加准确。

中世纪的烹饪书籍，主要是由男性撰写的。在那个时代，书面交流都分性别；同样，人们认为高水平的烹饪属于男性从事的一种职业。将食谱编纂成书，并非为供专业厨师参考，而是专业厨师的烹饪活动导致的结果。这些书籍，既有可能被一些有文化的主厨当成辅助记忆用书，也有可能属于档案资料，记录了一些重要家庭中的烹饪规程和实用技能。

在中世纪，烹饪是专业人士的一门学科，需要具有广泛的技能；一位大厨必须能够辨识并且牢记不同配料的适当数量、烹饪方法和技巧、烹饪步骤、最终目标、菜肴口味和成品外观。

中世纪的烹饪书籍之所以相对较少，其中记录的食谱也不精确，原因可能就在于当时流行的是口头交流的传统。当时的知识都是口口相传，师傅传给徒弟，母亲传给女儿。民众没有文化，再加上教会谴责与大吃大喝相关的所有行为这一事实，就对烹饪文献的发展产生了不利的影响。在很长一段时间里，烹饪指南都是通过口头传授，将它们用文字记录下来似乎没有什么意义。待医学为了追求更高的科学地位而及时开始关注起食物的利弊之后，人们对烹饪的兴趣便突然被激发了出来，而编纂烹饪指南也就成了专业人士即宫廷御厨们的专长。

人们认为，烹饪书籍在 14 和 15 世纪数量日增的过程中有一个关键因素，那就是社会变革；这种变革现象，首先出现于意大利的各个城邦。新兴的社会阶层当中，首屈一指的当属中产阶级；他们渴望获得烹饪方面的指导，好让他们在试图维护自身社会地位的同时，为努力达到上层社会的那种高雅水平提供支持。不过，美食书籍在日益广为流传的过程中也发挥出了作用；它们在范围日益广泛的圈子当中，推广了烹制日常饭菜与精美食物所需的种种技能。因此，从这个角度来看，烹饪书籍也产生了一种普及作用。这种进步，还与中世纪晚期文学的全面发展有关。尽管烹饪书籍主要用通俗的文字写成，使得不会拉丁语的人也看得懂，可实际上，它们主要还是供那些有钱照着书中的食谱去烹饪的人，即上流社会所用。

有记载蔬菜种子，菜单上几乎也没有蔬菜，就证明了这一点。可实际上，当时的书面资料之所以对这些方面闭口不提，原因除了其他方面外，还在于当时的人无须帮助也可以播种，且人们不一定总是需要购买种子才能栽培蔬菜。当时的蔬菜，都是在自家的园中栽种出来供个人享用，故一般不会记入账簿。将任何一种新鲜或不加工即可食用的农产品列在菜单上，比如蔬菜、水果和浆果，也是一种并不常见的做法。

图 86 主教奥多（Bishop Odo）与诺曼人共享盛宴的时候，仆人们正在把烤肉摆放到一张餐柜上。选自《拜约挂毯》[①]。

从蔑视到认可

近至 20 世纪八九十年代，中世纪的厨艺可能都让研究人员很是瞧不上眼；可自那时以后，他们的态度就有所改观了。近年来，研究中世纪饮食文化的著作频频出版。玛姬·布拉克（Maggie Black）所著的《中世纪食谱》（*The Medieval Cookbook*，1992）一书，无疑是其中最有名的一部烹饪书，已经有了无数个版本。她的这部作品当中，附有根据英文手稿整理出来的 80 份原始食谱。

---

① 《拜约挂毯》（*Bayeux Tapestry*），一幅大约于 11 世纪时制作的刺绣挂毯，可能为“征服者”威廉一世的弟弟拜约主教奥多委托制作的。长约 70.5 米、宽约 0.5 米，上面的画作描绘了诺曼人征服英格兰的情形。

对中世纪饮食文化进行科学研究的这一领域当中，最重要的成果当属特伦斯·史高丽（Terence Scully）发表的作品，其中包括《中世纪的烹饪艺术》（*The Art of Cookery in the Middle Ages*，1995）一书；此书集中研究了欧洲南部的情况，值得佩服地阐明了一些与医学和健康相关，且对食物烹制工艺产生过影响的观点。还有一部优秀的作品，那就是奥迪尔·雷顿（Odile Redon）、弗朗索瓦·萨邦（Francoise Sabban）和西尔维诺·塞尔文提（Silvano Serventi）三人合著，出版于 1991 年的《中世纪的厨房：法国和意大利的食谱》（*The Medieval Kitchen: Recipes from France and Italy*）；此书当中含有一章，洋洋洒洒地列出了三人根据法国和意大利的原始资料整理出来的食谱。

丹麦历史学家埃里克·科尔斯加德（Erik Kjersgaard）在 1978 年出版的著作《中世纪的丹麦饮食》（*Mad og øl i Danmarks middelalder*）一书中，说明了中世纪北欧各国的饮食文化；而身为文化史家兼科尔斯加德同胞的 T.F. 特罗埃尔斯－隆德（T. F. Troels-Lund），在 1945 年出版的《16 世纪北欧国家的日常生活》（*Dagligt liv i Norden på 1500-talet*）一书中，也是如此。芬兰语的科学研究成果当中，安妮·玛基佩托（Anne Mäkipelto）的管理学副博士论文［《中世纪晚期意大利和英国的奢华美食》（*Gastronominen ylellisyys myohaiskeskiajan Italiassa ja Englannissa*），1996］很值得一提。这篇论文对比了中世纪晚期意大利和英国上层社会的饮食文化，还对一些食谱集进行了讨论。安娜－玛丽亚·维尔库纳（Anna-Maria Vilkuna）的博士论文［《16 世纪中叶哈姆城堡的皇家家政》（*Kruunun taloudenpito Hämeen linnassa 1500-luvun puolivälissä*），1998］，则研究了哈姆城堡从 1539—1570 年前后的财务管理情况，分析了中世纪晚期和近代初期的芬兰饮食文化。

整体而言，在过去的几年当中，人们对中世纪饮食文化的态度发生了巨大的变化。没有人再敢声称烹饪受到了中世纪人无知的阻碍。在最近的研究中，人们做了大量细致的工作，努力来纠正中世纪厨艺所负的恶名。中世纪的人业已有了烹制健康和美味食物的本领，这一点已经得到了证明。实际上，当时人们的整体饮食既非极其有限，也不是不健康的。

图 87

一场婚宴，选自 15 世纪早期贝里公爵约翰那部时令书中的一幅插画。图中的餐桌上，摆放着圆面包、肉和酒。

一场中世纪风格的
节庆晚餐

建议菜单

FESTIVE MENU
SUGGESTIONS
FOR A MEDIEVAL-STYLE
SUPPER

迎宾酒：鼠尾草酒（第 289 页）

香草素馅饼（第 218 页）

白葡萄酒沙司烤梭子鱼（第 244 页）

斯佩耳特小麦牛奶粥（第 210 页）

加香梨汤（第 275 页）

松子软糖（第 286 页）

夹馅草菇（第 221 页）

红酒酱鸡（第 228 页）

开胃大麦布丁（第 208 页）

玫瑰布丁（第 280 页）

美味的秋季晚餐

蜜汁萝卜（第 215 页）
英式炖羊肉（第 224 页）
斯佩耳特小麦牛奶粥（第 210 页）
分层杏仁乳布丁（第 277 页）
柳橙酒（第 291 页）

丰盛的冬季晚餐

胡萝卜葛缕子汤（第 213 页）
巴黎炖野兔（第 234 页）
配肉米饭（第 211 页）
托斯卡纳野蘑菇（第 220 页）
浆果果冻（比如花楸莓冻）
胡桃枣椰馅饼（第 283 页）
杏仁酪（第 280 页）
希波克拉斯酒（第 287 页）
餐后在客厅中享用的香料（第 260 页）

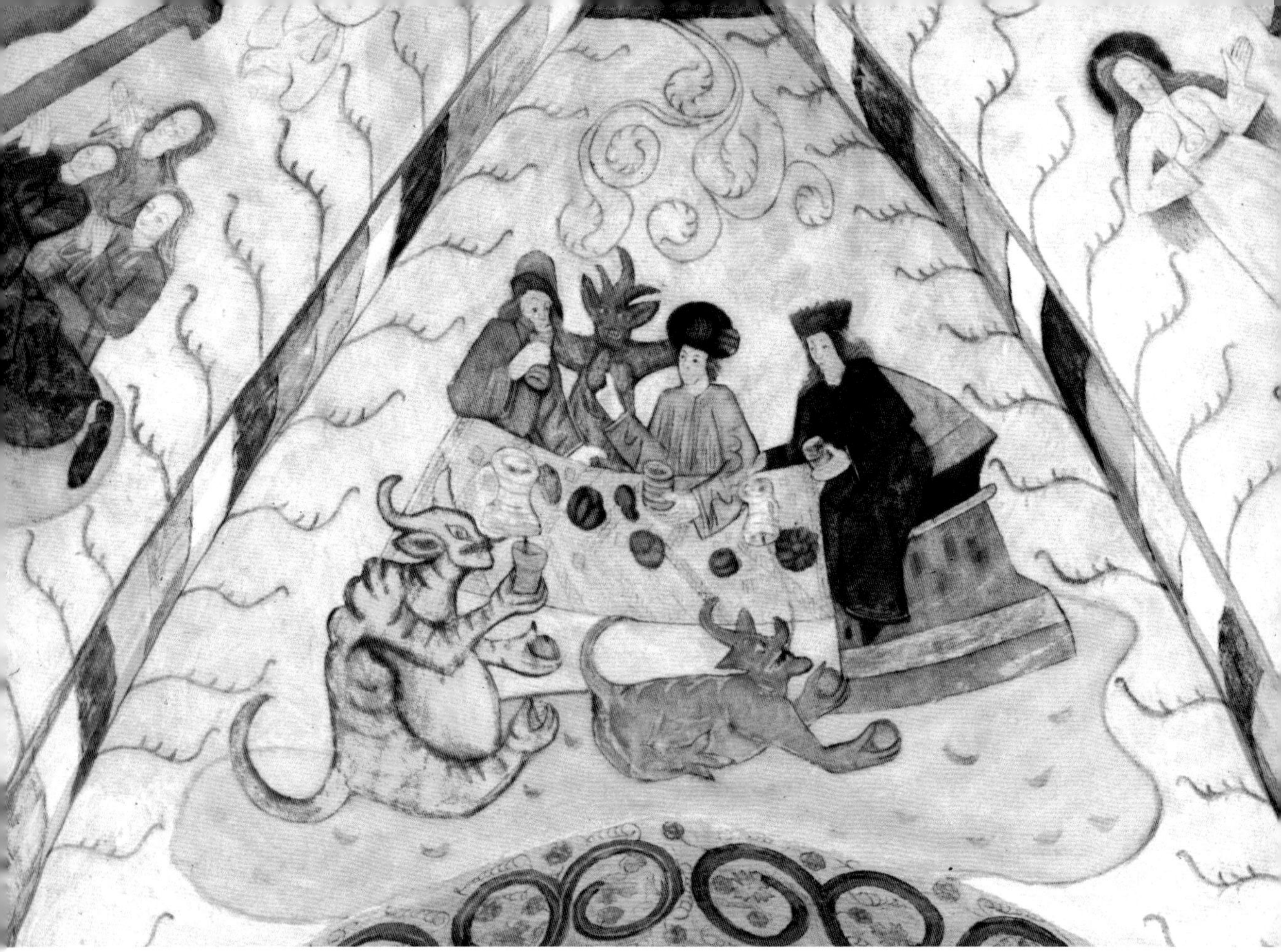

图 88

魔鬼与食客们正在享用不同种类、不同形状的面包，选自芬兰洛赫亚镇圣劳伦斯教堂的一幅壁画。16 世纪的哈姆和图尔库这两座芬兰王室城堡的账簿上，除了记载有黑麦面包、大麦面包和酸酵面包外，还有“列瓦”（rievä）面包，即新鲜柔软的大麦面包，以及小麦长面包和面包卷，它们都是供王室享用的。在 1546 年的图尔库城堡里，行政长官享用的是“herrainleipä”，即“贵族面包”，也就是那种用精磨面粉制成、软爽而奢华的面包，工人们吃的则是麸皮面包。1563 年，约翰公爵的餐桌上主要是小麦面包和面包卷，加上用其他精面制成的面包，但没有麸皮面包。小麦面包是北欧各国上层人士享用的美味，但在遥远的欧洲南部，普通百姓也吃得到这种面包，只是食用小麦面包的范围没有较为廉价、颜色较黑的面包那样广泛而已。在芬兰西南部，从中世纪晚期以后，人们就会往黑面包里掺上麦芽和黑麦来增甜了。

适于现代厨师的中世纪食谱

MEDIEVAL RECIPES FOR MODERN COOKS

谷物制品

GRAIN PRODUCTS

荨麻面包
（Nettle Bread）

600 毫升（1¼ 品脱）温开水

180 克（2½ 杯）切碎的新鲜荨麻叶

1—2 茶匙（tsp）食盐

2 茶匙葛缕子籽

50 克（1¾ 盎司）酵母

170 克（1⅔ 杯）粗磨黑麦面粉

500—650 克（4¼—5½ 杯）深色小麦面粉

将食盐、酵母、葛缕子籽和荨麻放入温开水中搅拌。加入两种面粉，充分揉匀。让面团发酵，膨胀到原来的2倍。再揉一遍，将面团揉成圆条状。

将圆条面团置于烤盘上继续发酵膨胀，然后放入烤炉中，用175—200℃（350—390 °F）的温度烤制40—50分钟。

荨麻在中世纪除了用作食物，也是一种常见的草药。如果愿意，您还可以在长条面团上扎一个小洞，然后再去烤制。中世纪的这种习俗，是从瑞典西南部传入芬兰的。小孔位于面包条的一侧，用绳子穿过这个小孔，就可以把面包挂在面包杆上风干。

我是根据尤拉·莱托宁（Ulla Lehtonen）的《天然药用植物之采集与使用指南》（*Luonnon hyötykasvien keruu-ja käyttöopas*）一书，以及安娜-丽萨·纽沃宁（Anna-Liisa Neuvonen）的作品，开发出这份食谱的。

无酵大麦面包
（Unleavened Barley Bread）

250毫升（8½液量盎司[①]）温水

1茶匙食盐

1汤匙（tbsp）油

约200克（2杯）大麦面粉

将食盐加入温水中搅拌，然后加入油与面粉。把面团揉拌均匀。在烤盘上厚厚地撒上一层大麦粉。将面团揉制成卷，然后切成片状。将每一片都擀成厚约0.5厘米的扁平圆块。把擀好的面皮放在衬有烘焙纸的烤盘上，然后用一把叉子在面皮上扎一扎。放入烤箱中，用250℃（480 °F）的温度焙烤10—12分钟。趁热抹上黄油，上桌食用。若是喜欢吃较脆的蛋糕，您可以把面皮做得稍薄一点，烤制时间稍久一点。这份食谱来自芬兰中部的民间传统，原始配方来自安娜-丽萨·纽沃宁。

① 液量盎司（fl. oz），英美容量单位。英制1液量盎司约合28.41毫升，美制1液量盎司约合29.57毫升。

“吃了大麦面包”（*Jo otti ohraleipä*）是芬兰一句古老的谚语，意指大麦面包不健康、品质低劣。其实，无酵大麦面包是北欧各国历史最悠久的一种面包。2世纪的动物寓言集《怪物图鉴》在中世纪时仍然广为流传，这是一部研究动物的实际特点与神话特征，以及它们所代表的道德或宗教象征意义的作品，其中就将大麦作为反面典型，颂扬了蚂蚁的勤劳和智慧等模范品质。蚂蚁通过气味，辨识出了大麦和黑麦（当时，人们把这两种谷物都看作牲畜的饲料），因而只收集小麦。一名虔诚的基督徒，不应当食用牲畜的饲料，而应当食用经得起时间考验的谷物，比如小麦。“大麦有如异教徒所持之教义，小麦则等同于真正的基督教信仰。”这个寓言开篇就借用了耶稣那个说明播种者与庄稼、小麦与稗草之间关系的比喻（参见《马太福音》13∶1—13，18—30）。然而，《论可贵的快乐与健康》的作者巴托洛米欧·普拉提纳（1421—1481）这位意大利作家却认为，大麦面包也是“一种极其高贵的面包”，只不过小麦面包仍然首屈一指罢了。

番红花面包
(Saffron Bread)

约1千克（$8\frac{1}{2}$杯）中等粗细的小麦面粉

500毫升（1品脱）温水

35克（$1\frac{1}{4}$盎司）酵母

175克（$\frac{3}{4}$杯）食糖

$1\frac{1}{2}$—2茶匙食盐

100毫升（$\frac{1}{2}$杯）橄榄油

3个鸡蛋

少许番红花

把酵母粉放入温水中搅拌。加入调味料、油、鸡蛋和面粉。揉面。用布盖住面团，使之发酵膨胀。将面团揉成5个中等大小的圆条，然后置于烤盘上继续发酵。将发好的面团放到烤箱的下层烤架上，用200℃（390°F）的温度焙烤15分钟左右，或者烤至面包皮变成一种漂亮的棕色。在面团第二次发酵膨胀阶段，您可以在每条面团上刻个十字。中世纪有一种传统，那就是用十字架标志为整批面包祈福，故会在面团烤出的第一批面包上刻一个“十”字。

我是根据若西·玛尔蒂－迪福（Josy Marty-Dufaut）所著的《中世纪的美食》（*La Gastronomie du Moyen Age*）一书，开发出了这份食谱和下一份食谱的。

姜味面包
（Ginger Loaves）

500克（4杯）中等粗细的小麦面粉

170克（1杯）粗粉

500毫升（1品脱）温水

35—50克（1$\frac{1}{4}$—1$\frac{1}{2}$盎司）酵母

1汤匙食盐

3—4茶匙姜粉

1茶匙肉桂粉

将酵母粉和调味料都溶于温水当中。加入面粉和粗粉。揉面。用布盖住面团，发酵1个小时，或者发到面团大小增加一倍的程度。制成两三条面包，然后置于烤盘上进一步发酵。用叉子扎一扎面包条，然后放到烤箱中的下层烤架上，用200℃（390°F）的温度焙烤30分钟左右。

开胃大麦布丁
（Savoury Barley Pudding）

90克（½杯）全粒大麦

500毫升（1品脱）水

500毫升（1品脱）蔬菜高汤

4个水萝卜

2个胡萝卜

油

2汤匙切碎的水芹

½茶匙黑胡椒粉

½茶匙肉桂粉

½茶匙食盐

将大麦用水浸泡一个晚上。（预先煮熟的大麦，最好也用水浸泡1个小时左右。）沥干后放入平底锅内。加入蔬菜高汤，煮沸。然后用中火慢煮大约35分钟。将汤汁过滤，大麦则用筛子漂洗。将胡萝卜和水萝卜切成细细的短条，放到平底锅内用油煎软。加入切碎的水芹、调料和大麦。尝尝味道，再次用中火加热布丁并加以搅拌。上桌食用时，这种布丁可以作为肉类的配菜。

这份食谱中的水萝卜，是人类栽培历史最悠久的蔬菜之一，只是一直要到16世纪，这种蔬菜才从中国传入欧洲。其中的辛辣风味，源自水萝卜含有一种芥末油，与白萝卜或尖萝卜的味道相似，后者是一种更古老的萝卜（学名为“Raphanus sativus”）品种。这两种萝卜都跟野生萝卜具有亲缘关系。萝卜有多种颜色，但那些最古老的品种都是白色的。另一方面，

图 89

两名面包师正在一家大型面包烘烤坊里工作。在众多的古老谚语当中，面包都具有丰富的象征意义，比如：面包是生命的支柱；面包能减轻一切痛苦；面包掉落时，总是涂有黄油的那一面先着地；面包两面都应当涂抹黄油[1]；将面包扔到水里[2]。这样的谚语不胜枚举。

各种各样的十字花科植物，则属于跟卷心菜和芥菜具有亲缘关系的绿叶蔬菜，欧洲和中东地区自古以来就有栽培。水芹是其中的一种，它富含有益的微量矿物质和维生素。由于味道微苦，故水芹一直都没有被人们经常性地大量用于食物烹制。

这份食谱源自玛丽·萨维利（Mary Savelli）、奥卢中世纪协会（The Oulu Medieval Association）和本书作者。

① 面包两面都应当涂抹黄油（butter one's bread on both sides），引申为“左右逢源”“左右兼顾”“同时坐收双方之利”等义。

② 将面包扔到水里（cast one's bread upon the waters），引申为“真心行善，不望回报”。

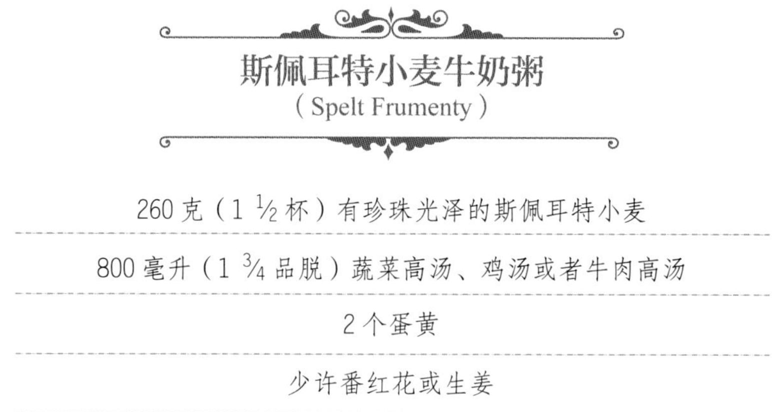

斯佩耳特小麦牛奶粥
（Spelt Frumenty）

260 克（1 ½ 杯）有珍珠光泽的斯佩耳特小麦

800 毫升（1 ¾ 品脱）蔬菜高汤、鸡汤或者牛肉高汤

2 个蛋黄

少许番红花或生姜

把高汤在平底锅内烧开，加入斯佩耳特小麦。盖上锅盖，焖煮至汤汁被小麦吸收掉，或者焖煮 20 分钟左右。关火。加入番红花和搅打均匀的蛋黄。再慢慢加热，直到混合物变稠。可与肉类搭配食用。尽管斯佩耳特小麦在欧洲南部更为常见，但我们发现，早在 15 世纪，欧洲北部也有人种植这种小麦了。

英国国王理查二世的御用厨师们编纂的《烹饪之法》中收集了许多食谱，其中就有一份 14 世纪晚期的牛奶麦粥食谱，内容如下：

> 麦羹一肴，其法若此。取净小麦，置钵中捣至其间无孔隙；浸于水中，煮至胀裂。沥出，凉之。取优质高汤与鲜乳，抑或杏仁乳，再沸之。添蛋黄、番红花、调料，加盐；添蛋黄与调料之后，不可煮沸。配野味、肥羊肉食用最佳。①

换言之就是，其中的食材配料有脱壳小麦、牛肉高汤或者牛奶，还可选用杏仁乳，有蛋黄、番红花和食盐。小麦放到水中烹煮，直至谷粒裂开。沥掉汤汁，冲洗麦粒，控干水分，在一边放凉。将牛肉高汤或者牛奶倒入

① 原文为中古英语：To make frumente. Tak clene whete & braye yt wel in a morter tyl Þe holes gon of; sepe it til it breste in water. Nym it vp & lat it cole. Tak good broÞ & swete mylk of kyn or of almand & tempere it Þerewith. Nym yelkys of eyren rawe & saffroun & cast Þerto; salt it; lat it nauyt boyle after Þe eyren ben cast Þerinne. Messe it forth with venesoun or with fat motoun fresch.

平底锅内，加入已经放凉的麦粒。将奶麦混合物煮至沸腾，然后中火焖炖，其间偶尔进行搅拌。最后，添加搅打好的蛋黄与佐料，再焖煮几分钟，但不能煮沸。牛奶麦粥很适合搭配野味或者羊肉食用。《巴黎主妇》一书中也有一份14世纪晚期的法国食谱，但书中建议用一小撮生姜代替番红花。

配肉米饭
(Rice Accompaniment for Meat)

160克（¾杯）大米

500毫升（1品脱）鸡汤或者牛肉高汤

½份杏仁乳（参见第259页的食谱）

少许番红花

食盐

图90

杰拉德·大卫这幅油画中的粥，是用牛奶熬制而成，象征着圣母马利亚的纯洁，以及她的母亲角色。苹果这种“原罪”（Original Sin）标志的旁边，放着面包；在中世纪的宗教画作中，面包象征着救赎。

将鸡汤或牛肉高汤、大米放入平底锅中，煮开，然后低火焖煮。在另一口平底锅里，烹制半份杏仁乳。做好之后，将杏仁乳加入米饭当中。将混合物继续焖煮 10 分钟，或者焖至米饭做好。尝尝味道，若有需要，则可加盐。食用时，与肉类菜肴搭配。这份“肉菜米饭”（Ryse of Flessh）食谱，我是选自《烹饪之法》，同时参考了莫伊拉·巴克斯顿（Moira Buxton）所著的《中世纪的烹饪今探》（*Medieval Cooking Today*）一书。

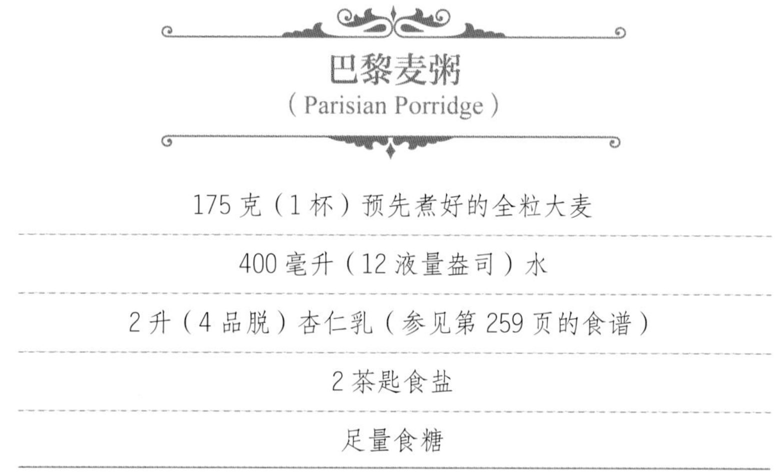

巴黎麦粥
（Parisian Porridge）

175 克（1 杯）预先煮好的全粒大麦

400 毫升（12 液量盎司）水

2 升（4 品脱）杏仁乳（参见第 259 页的食谱）

2 茶匙食盐

足量食糖

将大麦倒入沸水当中，沸煮至水被吸干。加入杏仁乳，中火焖煮 1 个小时左右，其间不时进行搅拌。用盐和食糖调味，然后上桌食用。我是根据《巴黎主妇》（1392—1394）一书，开发出了这道粥品食谱。您还可以加入鸡蛋、小豆蔻、肉桂和少许肉豆蔻粉，让这道粥品进一步变得光彩夺目。

中世纪的烹饪书籍当中，粥品食谱相对比较罕见，因为熬粥是每个厨师都应该掌握的基本技能。此外，粥类通常都是穷人的吃食或者给体弱者食用。给病人食用时，粥里应当加糖；这不仅是为了给粥增添味道，也是出于健康原因。

素菜

VEGETABLES

胡萝卜葛缕子汤

（Carrot and Caraway Soup）

1 千克（2 磅）胡萝卜

2 升（4 品脱）水

2—3 块蔬菜羹汤浓缩块

1 汤匙葛缕子籽

100 毫升（½ 杯）奶油

将胡萝卜去皮切碎，煮至变软。汤液留下备用，将胡萝卜捣成糊状。把羹汤浓缩块和胡萝卜泥加入汤中，煮至沸腾，再加入葛缕子籽和奶油。这是一道清淡而美味的汤，完全可以与白面包一起，当成开胃菜食用。

早在 12 世纪，西班牙和小亚细亚就已栽培胡萝卜了。当时，它们既被用作食物，又被用作药物，还被当作染色剂。在中世纪晚期上层社会享用的各种蔬菜拼盘里，也可看到胡萝卜。但在北欧各国，胡萝卜长期以来都是一种稀罕之物，只有神父家里和领主的庄园里才有。如今我们所知的那种橙色胡萝卜，是在18世纪的荷兰培育出来的；此前的胡萝卜，都是紫红色的、黄色的或者白色的。如今，人们又开始培植少量黄色的或红色的胡萝卜了。

本人参照若西·玛尔蒂-迪福所著的《中世纪的美食》，开发出了这份食谱。

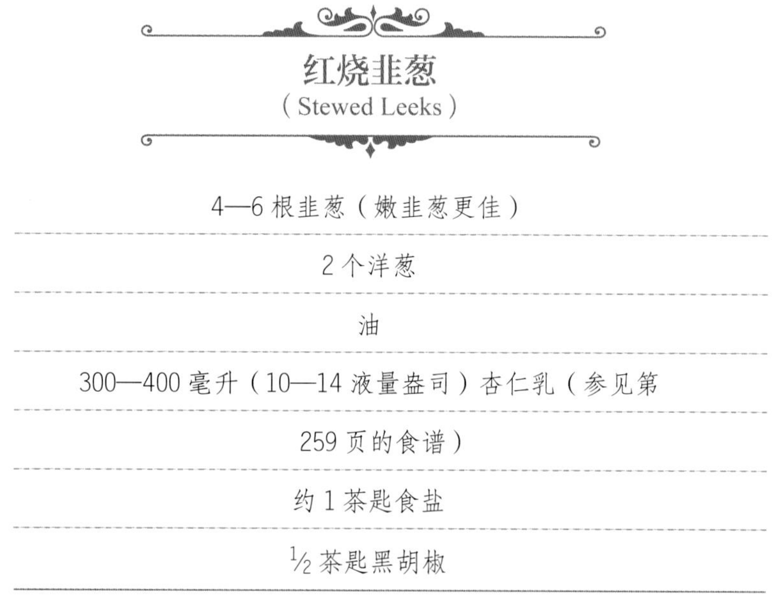

红烧韭葱
（Stewed Leeks）

4—6根韭葱（嫩韭葱更佳）

2个洋葱

油

300—400毫升（10—14液量盎司）杏仁乳（参见第259页的食谱）

约1茶匙食盐

½茶匙黑胡椒

只选取韭葱的白色部分。用平底锅将切碎的韭葱与洋葱炒软，但不要炒焦。准备好杏仁乳，将其加入韭葱和洋葱中，焖煮大约20分钟，其间偶尔搅拌一下。最后，用搅拌器将其稍微搅打成糊状，加入调料调味。

韭葱是一种与洋葱具有亲缘关系且特别受人欢迎的蔬菜，其圆柱形的球茎是人们最爱吃的部位。在法国，“韭葱汤”［*la porée*，源自拉丁语中的“韭菜”（*porrum*）一词］曾是12世纪至16世纪期间一道典型的汤品，是用韭葱或其他蔬菜烹制而成的。这道红烧葱白（*porée blanche*）的食谱最初源自《巴黎主妇》，此书是法国的一部作者不详的家居手册，成书于14世纪晚期。当时在斋戒期内，人们会用杏仁乳来烹煮汤液；而在可以吃肉的日子里，人们则是用牛奶和猪油来烹制这道菜的。这道红烧菜肴，既可作为开胃菜，亦可作为配菜，搭配汉堡或牛肉食用。

图 91 农夫正在拔韭葱，选自中世纪的一幅木刻版画。

蜜汁萝卜
(Honey-glazed Turnips)

萝卜

牛肉高汤

黄油或植物油

香料或蜂蜜

将萝卜切成厚约 1—1½ 厘米的片状。把萝卜片放入牛肉高汤中烹煮，使之达到柔软却依然成片的程度。往煎锅中倒入黄油或者植物油，将萝卜片煎至呈一种漂亮的焦黄色。撒上香料，或者抹上一层厚厚的蜂蜜。若是愿意，您还可以用味道较淡的瑞典甘蓝代替萝卜。

这份食谱，源自 14 世纪晚期的法国。萝卜在中世纪的欧洲是一种广受人们欢迎的根块类蔬菜，因为萝卜既能消解油腻，又能配以各种香料。公元前 1 年以前，尽管当时还处在刀耕火种的农业生产阶段，可芬兰早已广泛种植萝卜了。历经整个中世纪，并且直到 19 世纪，萝卜始终都是普通百姓日常饮食中的一部分。在一些偏远地区，随着人们不再放火清理田间地头的草木，萝卜最终被土豆所取代；后者是 18 世纪传入芬兰的。成熟的萝卜具有一种非常特别的风味，既甜又香，但又不是太过苦涩。

萝卜防风汤

(Turnip and Parsnip Soup)

300 克（2 杯）萝卜，切段

190 克（$1\frac{1}{4}$ 杯）防风草，切段

1 升（2 品脱）蔬菜高汤

115 克（1 杯）粗磨杏仁粉

500 毫升（1 品脱）奶油

6 个蛋黄

$\frac{1}{2}$ 茶匙食盐

$\frac{1}{2}$ 个柠檬，榨汁

在中世纪，人们认为萝卜汤是治疗咳嗽的一种良药。早在古希腊和古罗马时代，人们就已开始栽培欧洲防风草了，但这种蔬菜直到中世纪才传至欧洲北部。与胡萝卜一样，防风草首先是在上层社会的餐桌上亮相的。这是一种广受人们喜爱的蔬菜，既可以蒸着吃，也可以做成菜泥或者做汤。

我是根据玛德琳·佩尔纳·科斯曼（Madeleine Pelner Cosman）的方法，开发出这份食谱的。

壁炉与家庭

壁炉是中世纪家庭烹饪活动的中心。在普通人家，人们都是围坐于壁炉边就餐的；不管是与其他家人还是与客人一起吃饭，都是如此。由于当时人们都是在明火上烹煮和煎炒，所以防火就成了一项要求很高的艰巨任务。锅子与火苗之间，必须保持一定的距离，故烹饪的时候，除了可以上下调节的锅钩、插槽和链子，还需要用柱子或者三角架来支撑炊具。用明火烹饪还有一种缺点，那就是做出来的饭菜可能都带有烟熏火燎的味道，因为当时的家庭还没有普遍安设烟囱。虽然家中的确设有通到室外的烟道，但它们并非始终都足以导出所有的油烟。

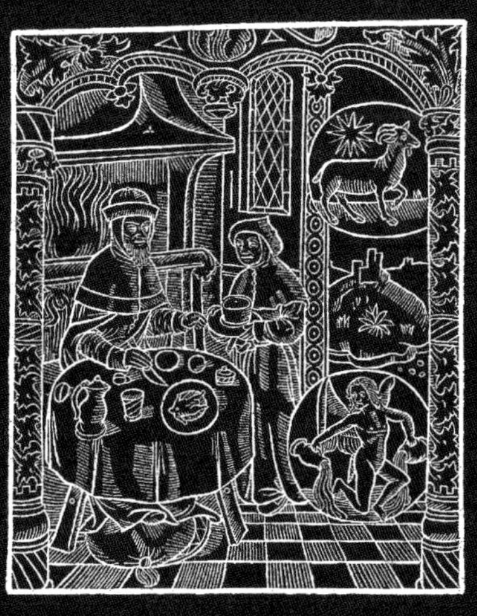

图 92

一位农民正坐在壁炉前吃饭，选自中世纪的一部日历。

当时的人都用木柴烧火做饭，但由于使用木柴时，人们很难调节火焰的大小来保持恒温，因此到了 15 世纪，一些大户人家的厨房里就已不再使用木柴，而是用煤炭来生火做饭了。烹制饭菜需要消耗大量的木柴和煤炭。尽管在当时的城镇和乡村里到处都有公共烤炉，可私人家庭中却很少配有烤炉。这些公共烤炉主要用于烤制面包，因为馅饼可以放在容器里，置于炉栅之上，在家里烤制。当时几乎没有或者完全没有适于烘焙的炉具，因为陶土在高温下很容易碎裂，铁器热得太慢而铜器又热得太快；所以，把食物放在馅饼面托中进行烘焙，就成了一种极其流行的做法。

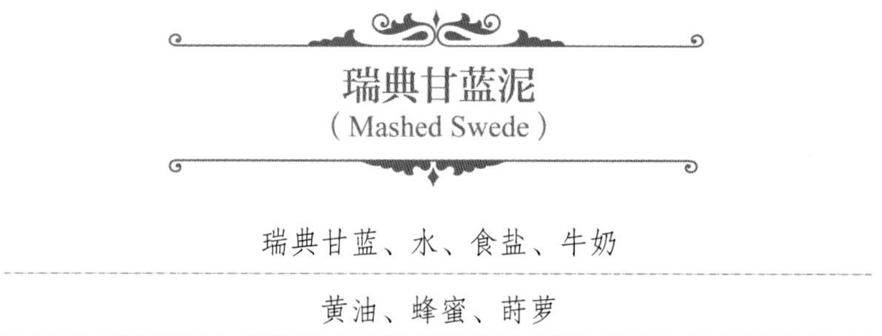

瑞典甘蓝泥
（Mashed Swede）

瑞典甘蓝、水、食盐、牛奶

黄油、蜂蜜、莳萝

将瑞典甘蓝去皮，切成段。用盐水烹煮，至其变软。沥干水分，将瑞典甘蓝捣成糊状。加入牛奶和黄油，加热并煮沸。加入蜂蜜和切碎的莳萝，后者会给甘蓝泥增添一丝诱人的茴香味。您也可以不用莳萝而用茴香，不用瑞典甘蓝而用萝卜，只是在这种情况下您需要多加蜂蜜，因为萝卜的味道可能会很苦涩。在中世纪，萝卜莳萝泥常常用于搭配鱼肉上桌食用。

瑞典甘蓝是由一种萝卜和一种卷心菜杂交而成，自 16 世纪起就为人们所知了，当时北欧各国都有种植。然而，在芬兰的农业耕作当中，萝卜却是一种比瑞典甘蓝更加重要的根块类蔬菜。

在中世纪的波罗的海地区，莳萝和葛缕子是最常见的两种草本香料。16 世纪的哈姆与图尔库这两座王室城堡的账簿中，还提到了一些园栽草本香料，比如百里香、迷迭香、水萝卜、山葵、熏衣草、小茴香、薄荷、丁香和欧芹。

我是根据若西·玛尔蒂－迪福所著的《中世纪的美食》，开发出了这道食谱。

香草素馅饼
（Vegetable and Herb Pie）

馅 皮

125 克黄油

350 毫升（$1\frac{1}{2}$ 杯）中等粗细的小麦面粉
$\frac{1}{2}$ 茶匙食盐
4 汤匙水
馅料
125 克（$1\frac{1}{2}$ 杯）切碎的甜菜
55 克（$\frac{3}{4}$ 杯）切碎的新鲜欧芹
100 毫升（$\frac{1}{2}$ 杯）切碎的新鲜细叶芹
1 根小茴香
55 克（$\frac{3}{4}$ 杯）切碎的菠菜
食用油
100 克（$3\frac{1}{2}$ 盎司）奶油奶酪
碎干酪
3 个鸡蛋
$\frac{1}{2}$ 茶匙姜末或胡椒粉
食盐

将蔬菜及新鲜的草本香料冲洗干净并切碎。将它们放入平底锅内，用油煎炒至变软；然后加入调料。准备好馅皮：用手指把面粉、食盐和黄油搅和成一种松散的糊状，然后加水并迅速揉面。把面团压入一个装有可移动锅底的烤盘（直径为 22 厘米或者 9 英寸），贴紧其底部和四周。将涂有油脂的厨用锡箔衬好面团，并且不要忘记衬好面团四周，然后填入干豌豆。放到烤箱的中层烤架上，用 200℃（390 °F）的温度盲烤[①] 9 分钟。去掉豌豆和锡箔，用叉子在馅皮底部各处扎孔，再烤上 2—3 分钟。将蔬菜

① 盲烤（blind-bake），往馅皮中塞入干豌豆、面包皮等之后进行烘烤，以保持馅皮形状的一种烘焙方法。

馅料摊在馅饼皮上。用一个碗把鸡蛋搅打好，加入奶油奶酪和碎干酪，然后把混合物倒在蔬菜馅料上。放入烤箱，用200℃（390°F）的温度烤制30—40分钟，或者烤至馅料成块和稍有变色的程度。

这份食谱源自《巴黎主妇》一书。

托斯卡纳野蘑菇
（Tuscan Wild Mushrooms）

600克（1磅5盎司）林菇

2个洋葱

橄榄油

1茶匙黑胡椒粉

1茶匙生姜末

½茶匙肉豆蔻粉

2茶匙芫荽粉

食盐

在平底锅内煸炒切碎的蘑菇，直到蘑菇中的水分蒸发掉。将蘑菇起锅待用。把切碎的洋葱放入油中慢炒，然后加入蘑菇，翻炒片刻。加入香料调味，再盖上锅盖，文火慢炖15分钟左右。与肉菜搭配食用。

您也可以用人工培植和价格较低的草菇，来代替林菇。这份食谱，最初见于14世纪的意大利烹饪书《14世纪烹饪全书》（*Libro della cucina del secolo XIV*），后经奥迪尔·雷顿、弗朗索瓦·萨邦和西尔维诺·塞尔文提三人开发而成。

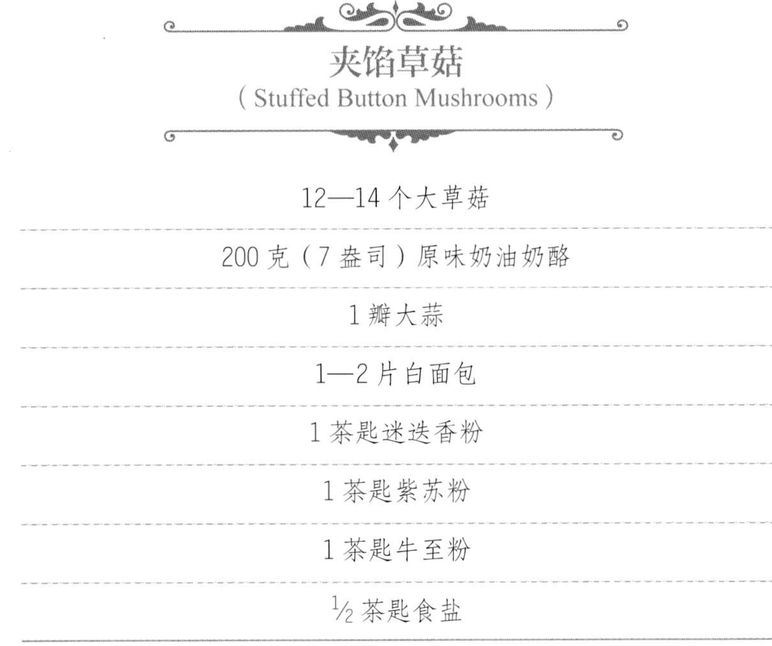

夹馅草菇
（Stuffed Button Mushrooms）

12—14 个大草菇

200 克（7 盎司）原味奶油奶酪

1 瓣大蒜

1—2 片白面包

1 茶匙迷迭香粉

1 茶匙紫苏粉

1 茶匙牛至粉

½ 茶匙食盐

将草菇漂洗干净，并从菌柄上摘下菌盖。将调料加入奶油奶酪中。烤好面包片，切成丁，拌入奶酪中。将混合物塞入蘑菇的菌盖中，取代原来的菌柄。放入烤箱中，用180℃（355°F）的温度焙烤30分钟左右，直至烤熟。趁热或冷藏后食用。

自古以来，人类就很清楚，蘑菇既可以当作食物，也可能有毒。中世纪的人认为，蘑菇与邪恶的诱惑和世俗的种种享乐有着密切的关联，这些诱惑与享乐都会导致人类在精神上误入歧途。

野生草菇生长于欧洲南部的森林里。对草菇的系统栽培，始于18世纪的法国。如今，草菇是世界上种植范围最广泛的一种蘑菇。

我是根据詹姆斯·L.麦特勒（James L. Matterer）的《大厨美食》（*Gode Cookery*）（网址：www.godecookery.com）和奥卢中世纪协会的食谱集子开发出这份菜谱的。

ypocras
Salmon

图 93

一位草药大师正在监督人们采集草药，选自中世纪一部手稿中的插画。

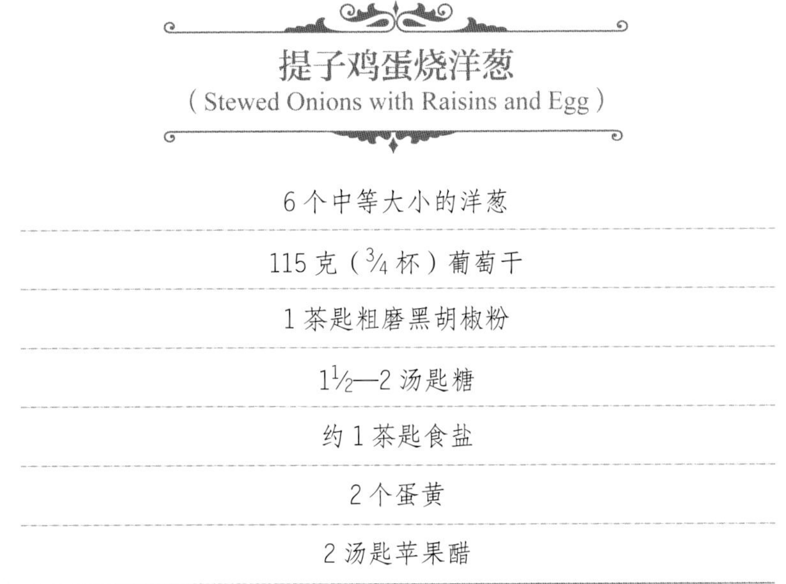

提子鸡蛋烧洋葱
（Stewed Onions with Raisins and Egg）

6 个中等大小的洋葱

115 克（$\frac{3}{4}$ 杯）葡萄干

1 茶匙粗磨黑胡椒粉

$1\frac{1}{2}$—2 汤匙糖

约 1 茶匙食盐

2 个蛋黄

2 汤匙苹果醋

把每个洋葱都切成 4 份，然后连同葡萄干一起，放入平底锅中。加入足量的水，以刚好盖过洋葱为宜。煮开，并在烹煮过程中撇去锅中浮起的泡沫。烹煮 20—30 分钟，至洋葱煮熟，然后加入胡椒、食糖和食盐。将蛋黄在苹果醋中搅打好，倒入锅中。用中火煮上片刻，同时搅拌，直至蛋黄凝固。这道菜味道鲜美，食谱源自 16 世纪英国的《夫妻厨用宝典》（*The Good Huswifes Jewell*）一书。这道菜既可以单独食用，也可以搭配肉类一起上桌。

我在开发这份食谱时，参考了奥卢中世纪协会编纂的食谱集子。

肉类菜肴

MEAT

英式炖羊肉

（English Lamb Stew）

800—900克（1磅12盎司—2磅）剔骨羊肉或者羔羊肉

400毫升（$1\frac{3}{4}$杯）水

1块固体鸡精

2个洋葱，切碎

1茶匙新鲜欧芹，切碎

1茶匙新鲜迷迭香，切碎

1茶匙新鲜百里香，切碎

1茶匙新鲜马郁兰或者香薄荷，切碎

$\frac{1}{2}$茶匙生姜末

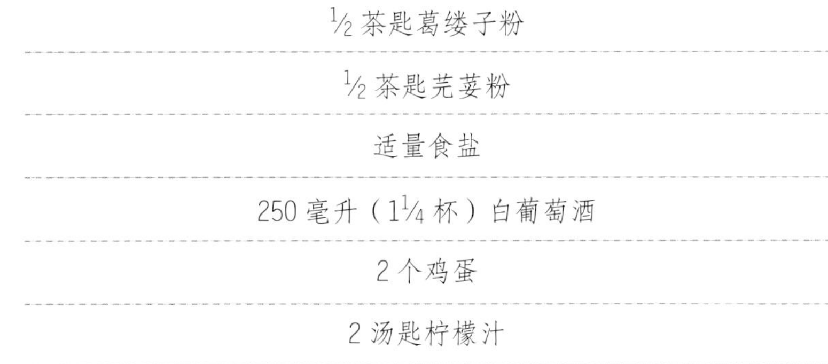

$\frac{1}{2}$ 茶匙葛缕子粉

$\frac{1}{2}$ 茶匙芫荽粉

适量食盐

250 毫升（$1\frac{1}{4}$ 杯）白葡萄酒

2 个鸡蛋

2 汤匙柠檬汁

将羊肉切成 2 厘米见方的肉丁。用锅子将水烧开，然后把固体鸡精和肉丁倒入锅中。煮至沸腾，撇去汤中的浮沫。加入洋葱、草本香料、香辛料、食盐和葡萄酒。把火关小，盖上锅盖，焖炖 $1\frac{1}{2}$ 个小时左右。

用一个碗，把鸡蛋加入柠檬汁里搅打好。将焖好的羊肉从火上端下，然后小心地加入鸡蛋柠檬汁。上桌食用。这份食谱选自《烹饪之法》一书，同时我也参考了玛姬·布拉克的《中世纪食谱》。

在中世纪，绵羊曾经极受人们重视，因为除了羊肉，绵羊还能为人类提供羊奶和羊毛。意大利是欧洲最重要的一个羊毛出口国，当时的穷人也有充足的羊肉可吃。尽管英国人也曾大规模生产羊毛，可羊肉却并不是英国上层社会的一道美食。因为羊群都是在山间和一望无际的高地荒原上放牧，经常需要长途跋涉，所以英国绵羊的肉质非常粗糙。

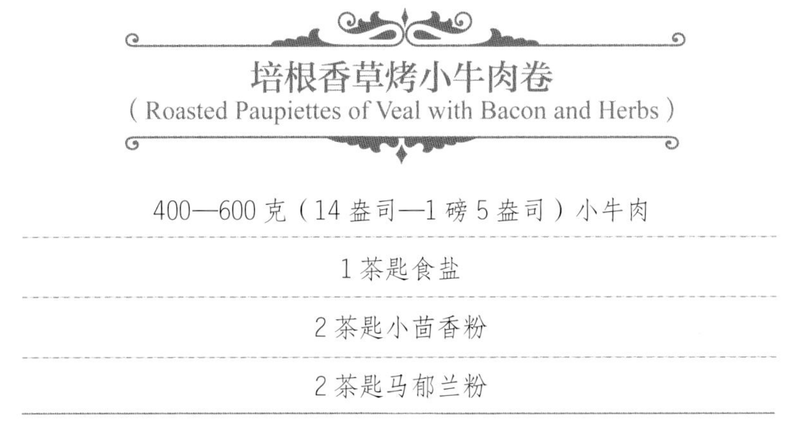

培根香草烤小牛肉卷
（Roasted Paupiettes of Veal with Bacon and Herbs）

400—600 克（14 盎司—1 磅 5 盎司）小牛肉

1 茶匙食盐

2 茶匙小茴香粉

2 茶匙马郁兰粉

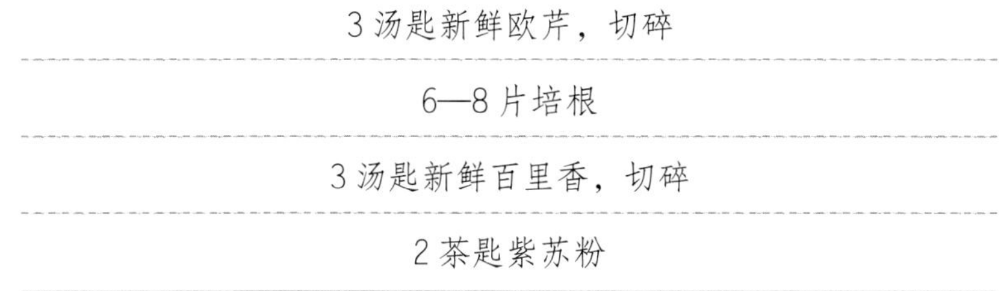

3 汤匙新鲜欧芹，切碎

6—8 片培根

3 汤匙新鲜百里香，切碎

2 茶匙紫苏粉

图 94　绵羊正在羊圈里过冬，选自贝里公爵的时令书（1416）。绵羊是人类所知历史最悠久的家畜之一，常常被描绘成一种无助和愚钝的形象。在过去，绵羊还象征着纯洁和真诚，但这种动物也可喻指一个容易受到他人误导和诱惑的人。

把小牛肉切成 4 根长条，压打成薄片，然后并排放在烤盘中。撒上盐、小茴香粉、马郁兰粉和切碎的新鲜欧芹。把培根切成细丝，撒在调过味的小牛肉条上，再加上紫苏粉和切碎的新鲜百里香，然后将牛肉条卷起来，制成牛肉卷。放入热烤箱中，焙烤 20—25 分钟，或者放在烤架上，用明火烤至牛肉熟透。

由于我们并非总是能够轻而易举地买到小牛肉，因此您可以用普通牛肉里脊外层切下的薄片取而代之。这道菜的原始食谱，可以追溯到 15 世纪的意大利［普拉蒂纳六世（Platina VI）统治时期］。

醋栗果猪肉丸子
(Pork Meatballs with Currants)

1 千克（2 磅 3 盎司）猪肉

1 升（2 品脱）牛肉高汤

1 份杏仁乳（参见第 259 页的食谱）

6 汤匙醋栗果

½ 茶匙肉豆蔻粉

¼ 茶匙丁香粉

½ 茶匙黑胡椒粉

食盐

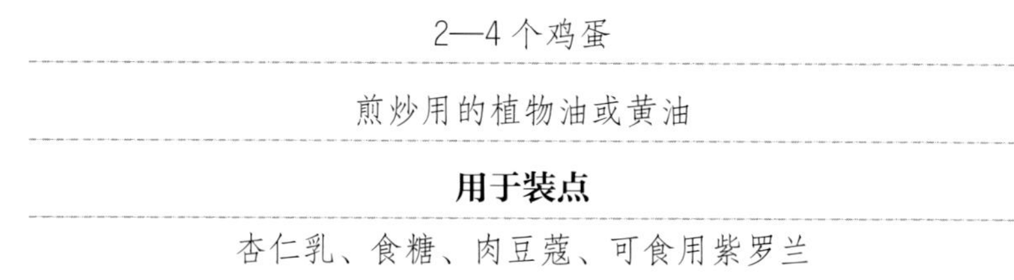

2—4 个鸡蛋

煎炒用的植物油或黄油

用于装点

杏仁乳、食糖、肉豆蔻、可食用紫罗兰

将猪肉切块，放入牛肉高汤中煮至差不多肉熟，但猪肉内部尚呈微红的程度。沥干汤汁，高汤留下待用。把略少于一半的高汤倒入一个平底锅内，制好杏仁乳。将肉块切成小片，然后与醋栗果、调料一起放入食品加工机内搅碎。将肉馅揉捏成球状，放入煎锅中，用植物油或者黄油煎焦。把肉丸放到一个上菜的大浅盘中，浇上用高汤与杏仁乳混合而成的汤汁。最后再撒上食糖和一点儿肉豆蔻粉，并用新鲜的紫罗兰加以点缀。

您或许还想搅打几个鸡蛋，拌到搅碎的肉馅当中，以便肉丸在煎炸时更好地保持形状。这份菜谱是以 15 世纪英国一部手稿（哈雷手稿[①] 279 号）中的烹饪说明为基础，也是玛姬·布拉克开发出来的。

红酒酱鸡
（Chicken in Red Wine Sauce）

1 只整鸡

200 毫升（1 杯）鸡肉高汤

200 毫升（1 杯）红葡萄酒

1 汤匙红葡萄酒醋

① 哈雷手稿（Harleian MS），伦敦大英图书馆中不公开的主要手稿集之一，其中含有 7 660 部手稿，因最初由罗伯特·哈雷（Robert Harley，1661—1724）及其儿子爱德华（Edward，1689—1741）两人搜集和整理而成，故得此名。1753 年，这批手稿被英国政府收购。

1/4 茶匙丁香粉

1/4 茶匙肉豆蔻粉

1/2 茶匙黑胡椒粉

1 茶匙肉桂粉

白面包

食糖或蜂蜜

把鸡放入烤箱中烤熟，然后切成数份，或者切成一口大小的小块。把鸡肉高汤、红葡萄酒、醋和调料拌起来，用一口平底锅或者煎锅加热，但须注意，不要烧开。将部分面包切片，加入汤中，直到获得所需的稠度。您可以在烹制过程中用手持搅拌器搅拌，让汤变得均匀细滑。根据口味，加入糖或蜂蜜。再加入鸡块，然后用中火焖炖 10 分钟。

您也可以把从商店里购买来的鸡肉条煎炸一下，加入酱汁当中，或者把酱汁单独上桌食用。这份叫作“双料酱鸡”（Gelyne in Dubette）的食谱，源自 15 世纪的英国（哈雷手稿 279 号）。资料来源还包括 15 世纪英国的《吃一千个或更多鸡蛋》（*Take a Thousand Eggs or More*）一书，以及奥卢中世纪协会编纂的食谱集子。

蜜饯撒拉森①鸡

（Saracen Chicken with Sweetmeats）

1 只烤鸡（不要烤得太老）或者 500 克（1 磅）鸡柳条

（可选：1 份鸡肝）

① 撒拉森（Saracen），古时阿拉伯地区的一个游牧民族，尤指曾在今叙利亚沙漠的周边地区不断侵扰过古罗马帝国边境的游牧民族。

50 克（2 盎司）用热水浸泡过的杏仁
50 克（2 盎司）葡萄干
10 颗干枣椰，去核
10 颗梅干，去核
2 片白面包
约 300 毫升（1¼ 杯）白葡萄酒
½ 个柠檬，榨汁
1 个橙子，榨汁
1 个苹果
1 个梨子
2 片培根
1 茶匙食盐
混合香辛料
¼ 茶匙肉豆蔻粉
¾ 茶匙黑胡椒粉
¾ 茶匙生姜末
¼ 茶匙丁香粉

烤好面包并切片。将柠檬、橙子榨汁，拌入葡萄酒中。苹果和梨子去皮、切丁。将梅干与干枣椰切碎。把培根切成细丝，把烤鸡切成一口大小的块状。

在烤箱中烤焙鸡肝，或者用油把鸡肝在平底锅里煎一下。将鸡肝与烤面包片、香料、果汁与葡萄酒，一起倒入食品加工机里搅碎。把搅打好的混合物倒入一口煎锅或平底锅内，加入鸡块、新鲜果丁与干果、葡萄干、杏仁和培根。煮开，然后用中火焖煮 15—20 分钟。如果汤汁煮干了，那就再加葡萄酒。上桌享用之前应当尝尝味道，必要时添加调料。

这份也能叫作"撒拉森肉汤"（Saracen Brodo）的食谱，可以追溯到14世纪的意大利，源自弗朗西索·赞布里尼（Franceso Zambrini）编辑的《14世纪烹饪全书》，是由奥迪尔·雷顿、弗朗索瓦·萨邦和西尔维诺·塞尔文提三人在《中世纪的厨房》一书中开发出来的。其中推荐使用的是烤阉鸡，但由于如今的厨师都忙不过来，故可用烤小鸡或者煎鸡柳条来代替。还可以不用鸡肝。中世纪时，禽畜肝脏在食物烹饪过程中的作用，就是用作结合剂；不过，就算没有这种东西，烹制出来的食物成品也不会受到太大的影响。

詹姆士式[①]奶酪千层鸡
（Jacobean Layered Chicken with Cheese）

4只烤全鸡

白面包片

高达[②]干酪

6汤匙蔗糖

1升（2品脱）牛肉高汤

将烤鸡去骨，切成小块。在一口平底锅内，将牛肉高汤烧开。把部分面包片铺在耐热烤盘中，再先后放上4片高达干酪、鸡块和蔗糖。重复这一步，用同一方法共计铺上相似的6层，且每层的食材全都浇上烧开的牛肉高汤。高汤会让面包变软，将干酪溶化。趁热上桌食用。这道菜很容易烹制，可供12个人食用。

① 詹姆士式（Jacobean），指风格、品味等方面带有英国国王詹姆士一世（James I，1566—1625）统治时期（1603—1625）的特点，以奢华为主。

② 高达（Gouda），荷兰南部的一个古老小镇，以出产优质干酪而闻名。

这份佛兰德斯食谱的历史，可以追溯到16世纪的前25年间［见于根特大学（University of Ghent），手稿第476号］；我也参考了里亚·詹森-西本（Ria Jansen-Sieben）和乔安娜·玛丽亚·范·温特（Johanna Maria van Winter）两人编著的《中世纪晚期的美食》（*De keuken van de late middeleeuwen*）一书。其中要求用扦子烤制鸡肉，但为了简便起见，我们也可以用烤箱里烤制的鸡肉来代替。

姜汁鹧鸪
(Partridge in Ginger Sauce)

3只鹧鸪

少许丁香粉

少许豆蔻粉

1升（2品脱）牛肉高汤

150毫升（½杯）红葡萄酒

1茶匙整颗的黑胡椒籽

2颗煮熟的蛋黄

¼茶匙生姜末

少许番红花粉

食盐

6片吐司面包

图95

小公鸡、鹧鸪和其他禽类，选自1290年的一幅微型画。欧洲家养鸡的始祖，是东南亚的红原鸡（学名为“Gallus gallus”）。公元前500年，波斯人对东方进行军事远征之后，带回了好斗的公鸡。起初，母鸡和公鸡主要都是用于宗教目的，或者与体育运动相关的目的。禁食令解除之后，这种家禽长期以来主要都是穷人的食物。在古罗马帝国时期，鸡的饲养量和消费量都出现了显著增长，因而到了2世纪初，鸡就成了欧洲相当常见的一种家禽。

将少许丁香粉和豆蔻粉撒在每只鹧鸪体内；若是鹧鸪的腿没有去掉，则可将鹧鸪腿绑在一起。把牛肉高汤烧开，加入鹧鸪、黑胡椒籽和葡萄酒。不要让汤汁剧烈沸腾。在接下来的5分钟里，撇去汤汁表面的浮沫，然后盖上锅盖，任其焖炖20分钟的时间。一旦鹧鸪肉煮软了，就把它们从锅中捞起，纵向切成两半。汤汁留下备用。

将每半片鹧鸪都置于盘中的一片面包上，存放在温热之处，比如烤箱中。用一个碗，将煮熟的蛋黄、生姜末、番红花粉、食盐及适量汤汁混合起来，形成一种酱汁，浇到鹧鸪肉上。然后上桌食用。配以花楸莓或蔓越莓之类的果冻，会极大地提升这道菜的整体风味。这道菜肴的原始菜谱，见于一部英国手稿集（哈雷手稿4016号），也是由莫伊拉·巴克斯顿在其《中世纪的烹饪今探》一书中开发出来的。

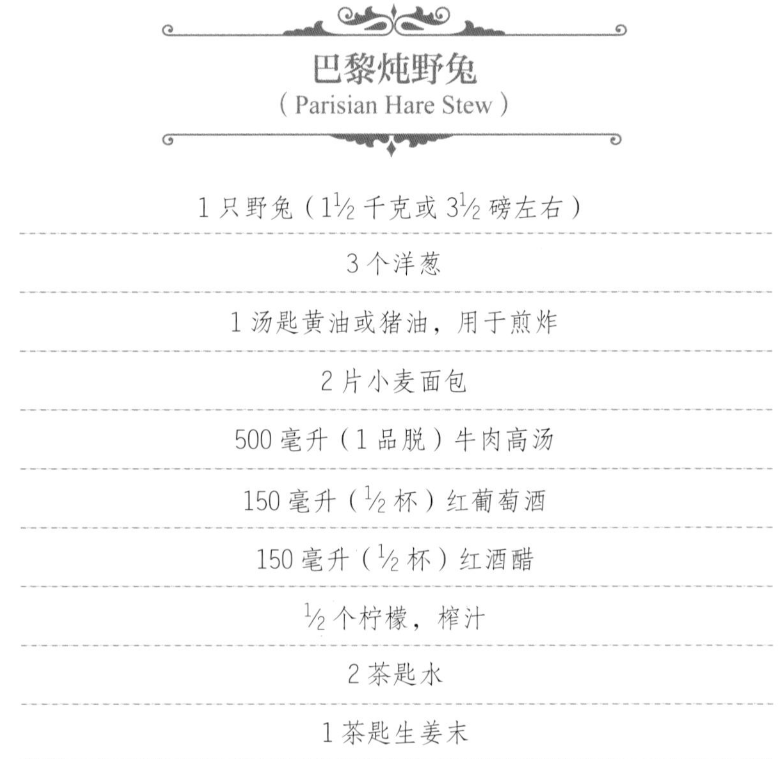

巴黎炖野兔
(Parisian Hare Stew)

1只野兔（1½千克或3½磅左右）

3个洋葱

1汤匙黄油或猪油，用于煎炸

2片小麦面包

500毫升（1品脱）牛肉高汤

150毫升（½杯）红葡萄酒

150毫升（½杯）红酒醋

½个柠檬，榨汁

2茶匙水

1茶匙生姜末

图 96

由于当时的野兔和家兔数量很多，故它们也成了下层人家餐桌上的食物。中世纪的医生认为，食用野兔可能导致失眠和产生忧郁感。《健康全书》这部流行的养生保健手册中曾经提到，在冬季和气候寒冷的地区食用野兔特别有益于健康，而对肥胖者和寒性体质的人也尤有好处。野兔还是过去诸多神话与观念的主题，比如人们曾经认为兔子是一种雌雄同体的生物，会随着年龄而改变性别。兔子过于喜欢交配，故成了贪婪的象征；另一方面，在基督教的画作当中，趴在圣母马利亚脚边的白兔，却象征着战胜肉欲与情欲。至于其他场合下，兔子有可能暗指一个敬畏上帝的人，而啃啮着葡萄藤的兔子，则指那些已经进入了天堂的人。与“复活节彩蛋”一样，“复活节兔子”也是丰收与新生的象征。

（可选：$\frac{1}{2}$茶匙天堂椒）

2整颗丁香，压碎

1茶匙黑胡椒粉

$\frac{1}{2}$茶匙肉豆蔻粉

1茶匙肉桂粉

食盐

做这道菜时，您既可以用一只新鲜的野兔，也可以用一只冷冻野兔。面包片烤好后，放入碗中压碎，再将红葡萄酒、醋和$\frac{1}{5}$的牛肉高汤浇在上面。把野兔肉切成适口大小的块状，放到烤箱中烤架下方最上面的隔板上，烤至呈焦黄色。将洋葱切碎，放入煎锅内用黄油或猪油煎炒。加入野兔肉，继续煎炒几分钟，使其颜色进一步变深。混入调料、柠檬汁和水。用餐叉将业已湿润的面包搅成糊状，并把剩下的牛肉高汤倒入碗内。充分搅匀。若想让面糊变得更细滑，可借助一只勺子，压住面糊用筛子过滤，或者利用手动搅拌器搅打。将面包与调料形成的混合物倒入煎锅当中，盖上锅盖。中火焖炖两个小时左右，或者炖至野兔肉软嫩为止。尝味，必要时可添加食盐和其他调料。

一些与我同行的历史学家，还往这道香气扑鼻的浓汤中放了少许小豆蔻粉和芫荽粉。比如说，您可以将这道菜配上花楸莓果冻、托斯卡纳野蘑菇（参见第220页）和斯佩耳特小麦牛奶粥（参见第210页），一起上桌食用。这份食谱源自14世纪晚期的法国，选自作者不详的家居指南《巴黎主妇》一书。我根据奥迪尔・雷顿、弗朗索瓦・萨邦和西尔维诺・塞尔文提三人所著的《中世纪的厨房》，开发出了这份食谱。在原始菜谱中，野兔先是用扦子进行烤制，然后才切碎去煎炒的。

鹿肉馅饼
(Venison Pie)

馅 皮

300 克（10½ 盎司）黄油

275 克（10 盎司）中等粗细的小麦面粉

1 茶匙发酵粉

200 毫升（1 杯）水

馅 料

1 千克（2 磅 3 盎司）鹿肉（用黄鹿或赤鹿肉）

3 汤匙蜂蜜

4 个蛋黄

2 片培根

1 茶匙食盐

½ 茶匙黑胡椒粉

½ 茶匙生姜末

（1 个蛋黄，用于上色）

准备馅皮：将黄油、面粉和发酵粉搅拌成松散的糊状，然后加水。用手将面团拌匀，但不要揉面。把面团分成相等的两半，将每一半都压成长方形，置于冰箱中冷藏片刻，再取出来擀开，折叠数次，形成一块分层的面团。

将鹿肉放入锅中，加水至刚好没过鹿肉，再放盐烹煮。把煮好的鹿肉用食品加工机绞成肉馅。培根煎一下，切成小块。将所有食材拌起来，制成馅料。

把半块面团擀开，擀成一个长约38厘米、宽约28厘米的长方形，置于一个衬有烘焙纸的烤盘上。将馅料摊在面团上。再把另一半面团擀成对应的长方形，盖在馅料上面，然后将底下那一层的四边翻折到顶层馅皮之上，并且仔细把馅饼闭合起来。用餐叉在顶层馅皮上扎一些小孔，若是愿意的话，您还可以用蛋黄给馅饼上色。您也可以用部分面团捏成丝带或者树叶，放在顶层馅皮上，并且也给这些装饰物上色，从而让馅饼看上去更具喜庆之色。把馅饼置于烤箱底层的烤架上，用200℃（390 °F）的温度烤制30分钟左右，直到顶层馅皮开始变色。

这份食谱是以15世纪英国的一部手稿（哈雷手稿279号）为基础开发出来的。您既可以用黄鹿肉，也可以用赤鹿肉。若是不喜欢自己来擀面，您可以购买现成的多层面片来做馅皮（用量约为800克，或者1磅12盎司）。

狩猎的荣耀与残忍

中世纪有大量的狩猎指南，证明狩猎这种活动在当时是广为流行的。那个时代的手册当中，描述了各种不同的猎物及其捕捉方法，而其中所附的插图，则介绍了大量的狩猎方法及狩猎工具，比如刀剑、长弓、长矛和陷阱。

其中最著名的一部狩猎书，就是加斯顿·菲布斯（Gaston Phoebus）所著的《狩猎之书》（*Livre de chasse*）。撰写于1387—1389年间的这部作品，如今仍有37部带有插图的手稿副本存世；我们在法国国家图书馆（National Library of France）的馆藏中，可以看到其中最精美的一部。还有一些值得注意的狩猎手册，比如《鹰猎术》（*De arte venandi*）这部由腓特烈二世（Frederick II，1194—1250）所撰的鹰猎专著，以及据说由亨利·德·费里埃[①]所著的《莫德斯国王之书》（*Livre du roy Modus*，1354—1376）。

狩猎手册都是为上层人士编纂出来的；它们的目的，都是反映出委托编纂这些手册的人所持的观点、价值观和理想。于是，编纂者就对狩猎的诸多美好之处大肆颂扬：比如，卡斯蒂利亚的阿方索十世[②]曾在13世纪那部《七编法》中写道，各种形式的狩猎都对人类有益，因为狩猎“有助于减轻邪恶思想带来的负担”。狩猎是一件有益于健康的事情，因为与狩猎活动相关的身体活动量若是足够的话，就会让人产生健康的食欲，让人能够睡得香甜；而健康的食欲和睡得香甜，正是一个人在一生当中

---

① 亨利·德·费里埃（Henri de Ferrières，？—1100），中世纪英国的一位富翁和行政官员。他原本是诺曼人，在1066年的诺曼征服（Norman conquest）之后获得了英格兰的大片土地，曾在威廉一世（King William I）和威廉二世（King William II）手下任过职。

② 阿方索十世（Alfonso X，1221—1284），中世纪西班牙卡斯蒂利亚王国（Castile）的国王（1252—1284年在位），同时也是当时欧洲最有学问的一位国王。他非但成立了“托莱多翻译学校”，把东方作品翻译成拉丁文，还著有《世界历史》《西班牙编年通史》《七编法》（亦译《七章律》）等作品，被尊称为“西班牙散文之父”。

最宝贵的两个方面。西班牙作家胡安·曼努埃尔（Juan Manuel）曾在其《国度之书》（*Libro de los estados*）中声称，猎人都学会了忍受巨大的体力消耗，对周围环境里的大路小径都了如指掌，因而性情一般都会变得更加大度和直率。

在加斯顿·菲布斯看来，真正的猎人不会懒散怠惰，而懒惰则是人们做出种种邪恶至极的行径的根源。猎人从早到晚忙个不停，尽情享受着生活：猎人呼吸着清晨的新鲜空气，聆听着鸟儿的鸣唱，欣赏着树叶与青草上晶莹闪亮的露珠。猎人从生活中获得的东西比别人要多，而且死后会直接升入天堂。此外，猎人的寿命也更长，因为猎人在吃喝方面都很有节制。猎人经常锻炼身体，或是步行，或是骑马；这种锻炼，使

图 97

猎杀一头鹿，选自加斯顿·菲布斯的狩猎手册《狩猎之书》（1337—1338）。

得猎人能够排出有害的体液，能够保持健康。

然而，对于血腥的狩猎活动，也不乏持批评态度的人。鹿特丹的伊拉斯谟对贵族那种不可一世的生活方式早已深恶痛绝，因而在其著作《愚人颂》（*The Praise of Folly*，拉丁名为 *Moriae Encomium*，1509）中，嘲讽了那些出身高贵的猎人及其切割鹿肉的惯常做法。伊拉斯谟的朋友托马斯·莫尔（Thomas More），则尤其关注狩猎活动中那些残忍的方面。在其《乌托邦》（*Utopia*，1516）一书中，莫尔曾经写道，乌托邦人拒绝狩猎，认为狩猎是“最低下、最可恶和最卑鄙的一种屠杀”。他还称，屠夫宰杀牲畜是出于生活所需，可猎人却只是在屠戮和杀害一只无辜而惊恐的猎物时寻求满足感。在血腥的狩猎活动中，莫尔看出了猎人们残酷地从中取乐、享受为了杀戮而杀戮这种罪恶心态的特质。

然而，同时代的其他一些人士对于猎人的评价，却要高于他们对普通屠夫的评价。与那些手无寸铁、属于驯养且轻信人类的屠宰场牲畜相比，杀死野外一只自由自在的猎物显得更加高贵，而它们的死亡也更不值得人们去加以怜悯。

蜜饯鲑鱼馅饼
（Salmon Pie with Sweetmeats）

主 料

½ 份酥皮面团（参见第 237 页），或者 500 克（1 磅）现成的生酥皮面团

馅 料

250—300 毫升（1—1¼ 杯）白葡萄酒

½ 茶匙食盐

400—500 克（约 1 磅）鲑鱼，切成条状

4—6 汤匙无花果干

¼ 茶匙白胡椒粉

½ 茶匙肉桂粉

¼ 茶匙丁香粉

¼ 茶匙肉豆蔻粉

½ 茶匙生姜末

少许番红花粉

1—2 汤匙松仁

2 汤匙醋栗果

¼ 茶匙食盐

5—6 汤匙干枣椰

约 3 汤匙杏仁乳（参见第 259 页的食谱）

准备好面团，将其分成两半。将无花果干切成小块，放入平底锅内，加入约 ⅓ 的白葡萄酒。烹煮 15 分钟，或者煮至无花果干变软，然后放凉，用手持搅拌器搅打至细滑的程度。将干枣椰切成小块，连同鲑鱼条和 ½ 茶匙食盐，用剩下的白葡萄酒烹煮 5 分钟左右至半熟。沥出葡萄酒汤汁备用。

图 98　北欧地区捕捞鲑鱼时的场景。

制作无花果泥时，加入醋栗果、食盐和调味料。充分搅拌，并且根据需要，用留出的葡萄酒汤汁稀释果泥混合物。把一半馅饼面团擀开，压进一个圆形的馅饼碟子（直径为 25—27 厘米或者 9—10 英寸）内，盖住碟子底部和四周。将调过味的无花果泥均匀地摊在馅饼底部，撒上松仁。再放上鲑鱼条和枣椰干，也需均匀摆放。把另一半面团擀好，盖在馅料上。将添加了少许番红花粉调制的杏仁乳刷在馅饼顶层，并且用叉子扎一扎。置于烤箱下层的烤架上，用200℃（390 °F）的温度焙烤40分钟，或者烤至馅饼顶部膨胀隆起，变成金黄色为止。

这是15世纪英国的一份食谱（见于哈雷手稿4016号）：

> 水果馅饼。取无花果，入酒中烹之，后磨碎。置于容器内，取胡椒粉、肉桂、丁香、豆蔻、姜末、松仁、科林斯葡萄干、番红花及食盐，添入其中；继而擀制精细薄饼皮，以上述馅料填之，松子置于顶；枣椰及新鲜鲑鱼切细，新鲜鳗鱼亦可，入酒中稍加烹煮，置于馅料之上；以同一面团擀制之盖，覆于馅皮上，其顶缀之以番红花及杏仁乳；继而置于炉内，焙烤之。

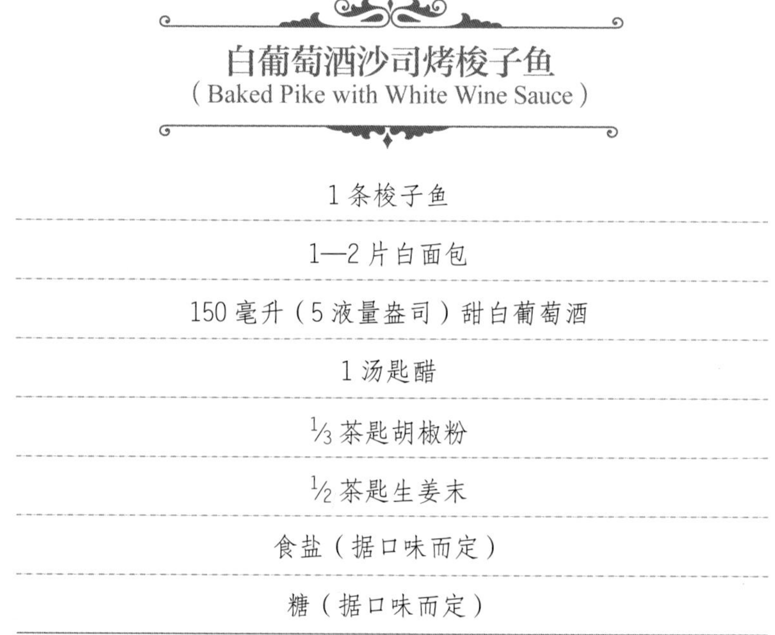

白葡萄酒沙司烤梭子鱼
(Baked Pike with White Wine Sauce)

1条梭子鱼

1—2片白面包

150毫升（5液量盎司）甜白葡萄酒

1汤匙醋

1/3茶匙胡椒粉

1/2茶匙生姜末

食盐（据口味而定）

糖（据口味而定）

面包去皮，将其中的柔软部分切碎，置于碗内。加入葡萄酒和醋，搅拌并将混合物用漏勺过滤，或者用手持搅拌器搅打加工。将混合物倒进锅里，加入胡椒，煮开，然后用中火焖煮 15 分钟，或者煮至混合物变稠。将梭子鱼放入烤箱中烤制，或者在锅中用油煎一下。往酱料中加入姜末、食盐和糖。梭子鱼完全煮熟之后，将其转移到餐盘里，然后浇上酱汁。上桌食用。若是往酱汁中加入少许番红花粉，酱汁就会呈金黄色。

这份食谱，源于 15 世纪的英国，选自《吃一千个或更多鸡蛋》一书。在中世纪，梭子鱼曾备受人们推崇。14 世纪 30 年代，阿维尼翁教廷曾经定期派遣使团，前往遥远之地去觅购梭子鱼，远至勃艮第公国、里昂及罗讷河上游地区。人们在河船边挂上网箱，存放捕获的梭子鱼，使之保持新鲜，并且用小鱼喂饲，让梭子鱼活着。在北欧各国，人们精选出的、体形小巧而完整的鳕鱼干、干梭子鱼头以及干梭子鱼片，是士绅待客之时名副其实的上好佳肴。到了 16 世纪，人们还用干梭子鱼制成咸鱼，供平安夜（Christmas Eve）斋戒时食用。

蜜饯浇汁煎鱼
（Fried Fish with Fruit Compote）

500 克（1 磅）鱼肉（丁鲷之类）

植物油，用于煎炸

1—2 片白面包

75 毫升（2½ 液量盎司）红葡萄酒

1 汤匙红酒醋

4 汤匙干无花果，切碎

4 汤匙洋葱，切碎

4 汤匙去壳杏仁

4 汤匙醋栗果

1/8 茶匙丁香粉

1/2 茶匙生姜末

1 茶匙肉桂粉

1 汤匙食糖

将鱼放入油中煎炸，直至煎熟。面包去皮，将其中柔软的部分切碎，置于锅中，加入葡萄酒、醋和糖。倒入切碎的无花果。把切碎的洋葱和杏仁煸炒一下，然后与调料、醋栗果一起加入面包混合物中。煮开。将煎好的鱼置于盘中，浇上煮开后的蜜饯汁，趁热上桌或者作为冷盘食用。

若是不喜欢酸味，您就不要加醋。

上面这道食谱源于 15 世纪的英国，选自大卫・弗里德曼（David Friedman）和伊丽莎白・库克（Elizabeth Cook）两人所著的《卡里亚多克杂记》（*Cariadoc's Miscellany*）一书里引用的《古代烹饪》（*Ancient Cookery*）。其中建议我们用鲤鱼科的丁鲷，但换用梭子鱼、白鲑或者鳊鱼，效果也很不错。

糖醋煎鱼排
（Fried Fish Fillets in Sweet-and-Sour Sauce）

新鲜鱼排（黑线鳕之类）

煎鱼用的橄榄油

酱 料

300 毫升（10 液量盎司）红酒醋

3 汤匙食糖

1 个洋葱，切碎
½ 茶匙豆蔻粉
½ 茶匙丁香粉
1 茶匙黑胡椒粉

将红酒醋、糖、切碎的洋葱和调料，一起置于煎锅中。尝尝味，调整甜度和其他调料用量，在甜、酸两种味道之间找到合适的平衡。煮开，将火关小，焖至洋葱变软。在另一口锅里，用橄榄油将鱼排两面煎炸至呈淡棕色，然后转至菜盘中，浇上酱汁。

这份食谱，源自 14 世纪的英国［见于《实用厨艺》（*Utilis Coquinario*）］。康斯坦斯·B. 海特（Constance B. Hieatt）和莎朗·巴特勒（Sharon Butler）两人在合著的《英国烹饪》（*Curye on Inglish*）一书中，推荐我们使用黑线鳕，但其他类似的鱼也可以。

同时期的一份意大利食谱，则较为复杂：

300 克（1¾ 磅）肉质紧实的鱼
橄榄油
2—4 个洋葱，切碎
100 克（3½ 盎司）去壳杏仁
100 克（3½ 盎司）葡萄干
20 颗梅干，去核并切碎
150 毫升（5 液量盎司）甜白葡萄酒
3 汤匙醋
少许番红花粉
½ 茶匙黑胡椒粉

⅓茶匙生姜末

½茶匙小豆蔻粉

食盐

糖

鱼肉切成块，用橄榄油炸熟。捞出鱼块，放于一旁。用煎鱼时的橄榄油将切碎的洋葱煸炒至变软；加入杏仁、葡萄干、切碎的梅干、香辛料和食盐。搅拌起来，然后倒入葡萄酒和醋，焖炖 20 分钟。尝尝味道，如若不够甜，则可添加食糖。加入鱼块。上桌食用。

这份食谱源自弗朗西索·赞布里尼编著的《14 世纪烹饪全书》，以及奥迪尔·雷顿、弗朗索瓦·萨邦和西尔维诺·塞尔文提三人合著的《中世纪的厨房》。

葛缕子酱水煮鱼
（Poached Fish with Caraway Sauce）

新鲜鱼肉

200 毫升（1 杯）杏仁乳（参见第 259 页的食谱）

1 片白面包

¼茶匙生姜末

½茶匙葛缕子粉

少许番红花粉

（可选：食盐）

将鱼用小火烹煮，或者用其他任何一种烹饪方法煮熟。把适量杏仁乳倒进碗内，加入面包中松软的部分。拌入调料进行搅拌，并把制成的酱料用漏勺过滤，或者用手持搅拌器加工，直至酱料变得细滑。置于锅内，烹煮片刻，同时搅拌。尝尝味道，必要时可添加食盐。将鱼装入菜盘，浇上酱汁。上桌食用。

这份食谱选自15世纪法国的烹饪作品《美食家》，原文如下：

> 鱼肉烹制之法：取杏仁乳浸泡白面包，加香料、孜然、生姜与番红花；所有食材煮至沸腾，然不能过头，继而将鱼装盘即可。

葛缕子属于欧芹科。它原产于黑海沿岸，但早在史前时代，欧洲不同地区就开始种植葛缕子。我们所知的葛缕子籽（拉丁名为“*Carum carvi*”，源自阿拉伯语中的“*karawiya*”一词），不同于印度人烹饪时所用的小茴香籽（cumin）或者孜然（*jeera*）。在古罗马时期，士兵们都会咀嚼葛缕子籽，目的是清新口气和促进消化。古埃及人曾经把葛缕子加入混合香料当中，用来把死者制成木乃伊，因为当时人们认为，葛缕子可以保护死者免遭邪灵的侵扰。到了中世纪，人们可能用葛缕子根做过汤。在挪威，用葛缕子的根和叶子做成的葛缕子汤，如今仍是一道名菜。

红酒烤鳗鱼
（Baked Eel in Red Wine）

1千克（2磅3盎司）鳗鱼

食盐

番红花粉

黑胡椒粉

红葡萄酒

图 99

奥拉乌斯·马格纳斯作品中的腌鱼、干鱼和熏鱼。各种各样的鲱鱼就是中世纪的标志性鱼类。人们既吃腌鲱鱼、熏鲱鱼或干鲱鱼，也吃大蒜酱配鲜鲱鱼。由于鲱鱼不宜在温暖的水域生长，故这种鱼类是从北方地区向南方输出。腌制的鲱鱼从斯堪的纳维亚半岛运往气候暖和的意大利，而英国也有腌制和熏制的鲱鱼运往意大利。中世纪的烹饪书籍中不常提及鲱鱼，但上层社会的菜单中偶尔会提及。比如说，在1520年的圣诞斋戒期间，瑞典林雪平主教汉斯·布莱斯克（1464—1538）的餐桌上，就有熏鲑鱼、煎鲱鱼、芥末酱鳗鱼、葡萄干配杏仁碱渍鱼、斯科讷鲱鱼、水煮小鲱鱼、鱼露[①]煮鲜鱼、油炸鳕鱼，以及其他来自芬兰的各种海鱼、干鱼和没有腌制的梭子鱼、煎鱼、北博滕省[②]的鲑鱼，还有苹果和坚果。

假如用的是一整条鳗鱼，那就要剥皮、清理干净，再切成数段。将鳗鱼段在烤盘中摆好，撒上食盐、胡椒粉与番红花粉。倒入葡萄酒，以刚好盖过鳗鱼段为宜。盖上盘子，放入烤箱，用180℃（355 °F）的温度烤制30—40分钟，或者烤至鳗鱼段里外都熟了，用叉子按压时有松软感为止。上桌食用。这份食谱，选自一部15世纪的英国手稿（哈雷手稿5401号）。参考资料中，还包括詹姆斯·L. 麦特勒的《大厨美食》，以及康斯坦斯·B. 海特的《哈雷手稿5401号中的中古英国食谱：版本与评论》（*The Middle English Culinary Recipes in MS Harley 5401: An Edition and Commentary*）。

中世纪的人更喜欢将鳗鱼进行煎炸或者烤制，因为这种方法可以降低鳗鱼的天然湿性。黑胡椒的性质极其温燥，因而适合搭配鳗鱼。有些专家

① 鱼露（fish sauce），用小鱼虾为原料，经腌渍、发酵、熬炼后得到的一种味道极为鲜美的酱料。

② 北博滕省（Norrbotten），瑞典最北部的一个行政省，面积辽阔，自然风光秀美。

认为，应当用食盐堆埋之法来杀死鳗鱼，以消除鳗鱼过度湿寒的特性。另一方面，河鳗最好用葡萄酒浸泡；过后的理想做法则是，还要用葡萄酒将鳗鱼焯水两次，然后焙烤，并且用性质温燥的草本香料和香辛料进行调味。

鳗鱼曾经让古人感到大惑不解：为什么人们看不到这种淡水鱼类的鱼卵或雄鱼的精液呢？古希腊哲学家亚里士多德（Aristotle，前384—前322）是许多学科的权威，在中世纪深受人们推崇；他曾推断说，鳗鱼的后代都产自地下深处。古罗马的博物学家老普林尼（Pliny the Elder，23—79）则认为，鳗鱼是由鳗鱼的皮屑变成的；成年鳗鱼只要蹭到石头上，身上的皮屑就会掉下来。13世纪《阿什莫尔动物图鉴》（*Ashmole Bestiary*）一书的作者曾称，恒河（River Ganges）里栖息着长达30英尺[①]的鳗鱼，说一个人若是喝了用鳗鱼浸泡的酒，就再也不能喝那种酒。此人还称，鳗鱼是从泥里长出来的。

直到20世纪初，鳗鱼的这个谜题才得以大白于天下：这种生物会迁徙到大西洋西部边缘的深海水域中去产卵。墨西哥湾流（Gulf Stream）会把孵化出来的幼鱼带回欧洲沿海；幼鱼会在欧洲沿海经历蜕变，然后游回其淡水栖息地。

---

① 英尺（foot），英制长度单位。1英尺为12英寸，约合30.48厘米。

酱料与调料

SAUCES AND SPICES

黄酱
(Cameline Sauce)

1—2 片白面包

275 毫升(9 液量盎司)白葡萄酒

1—2 汤匙葡萄酒醋

1 茶匙肉桂粉

$\frac{1}{2}$ 茶匙生姜末

$\frac{1}{2}$ 茶匙丁香粉

$\frac{1}{8}$ 茶匙肉豆蔻粉

$\frac{1}{4}$ 茶匙黑胡椒粉

少许番红花粉

2 汤匙红糖

食盐

将面包烤至褐色，然后切成小块，放入葡萄酒和醋中浸泡。再将变软的面包用筛子过滤，或者用手持搅拌器搅拌，使之变得细滑。加入调料，而若是愿意的话，您还可以加入红糖和少许食盐。尝尝味道。肉桂的味道应当很明显才行。用这种酱料搭配肉菜或鱼菜上桌食用，凉的或在锅里加热后都可以。

这份食谱是以 15 世纪中叶法国的《美食家》这部烹饪手稿中的烹饪说明为基础开发出来的。其中列有数种不同的黄酱，但推荐的熟酱尤其适合冬季食用。

姜黄酱
（Galentine Sauce）

1 片白面包

3 汤匙葡萄酒醋

少许高良姜粉

少许肉桂粉

少许生姜末

食盐

将面包中间的松软部分切碎，与醋和香料拌起来。将这种混合物用滤网过滤，或者用手持搅拌器搅打至均匀细滑。加入食盐。如有必要，可再加汤汁。此酱宜与肉、鱼或禽肉菜肴搭配上桌。在专售印度或亚洲食品的商店里，或者在其他一些货品充足的食品店里，都可以买到新鲜的高良姜

图 100

搭配禽肉上桌食用的姜黄酱，选自阿布·哈希姆（Abu Khasim）所著《食物之本性论》（*Observations sur la nature et les proprietés des aliments*）一书。

或干高良姜。若是用此酱搭配鱼类菜肴，您还可以添加洋葱和少许胡椒。

这份食谱源自 14 世纪，其原始配方见于《烹饪之法》一书，原文如下：

> 姜黄酱制法。面包去皮，切碎。加入高良姜粉、肉桂粉、生姜末及食盐；调之以醋，置于盘中上桌。

肉桂（学名为“Cinnamomum zeylanicum”）是用原产于斯里兰卡（Sri Lanka）及其附近地区一种树木所发嫩芽上的树皮，经干燥后制成。桂皮（亦称“中国肉桂”或“杂交肉桂”，拉丁语学名为“Cinnamomum cassia”）则是一种原产于缅甸（Burma）和东南亚、与肉桂具有近亲缘关系的树种的皮。在中世纪，人们并未总是明显地将肉桂与桂皮区分开来，而在欧洲，人们也是将这两种东西当作一种香料出售的。

詹斯酱
（Jance Sauce）

6 汤匙杏仁粉

2 片白面包

约 450 毫升（15 液量盎司）白葡萄酒

1—2 茶匙柠檬汁

3 瓣大蒜，拍碎

$1/2$ 茶匙生姜末

$1/2$ 茶匙天堂椒粉（参见第 257 页）

将面包中的松软部分搓碎，倒上 $1/3$ 的白葡萄酒，使之变湿。加入杏仁粉和大蒜。再加入香料和 $1/2$ 茶匙食盐，然后将混合物用滤网过滤，或者用手持搅拌器搅打到均匀细滑。将剩下的葡萄酒倒入。用中火烹煮 10 分钟左右。关火，加入柠檬汁搅拌。

这份食谱依据的是大师奇卡尔在其《烹饪纪实》一书中，对适合搭配阉鸡肉的一种酱料的说明，故此酱应当配鸡肉菜肴食用。它也是由大卫·弗里德曼和伊丽莎白·库克两人在所著的《卡里亚多克杂记》一书中开发出来的。

蒜蓉酱
（Garlic Sauce）

6 个蛋黄

1½ 汤匙醋

½ 汤匙水

3 瓣大蒜

1 茶匙食盐

将大蒜去皮，捣碎。把所有配料拌在一起，中火烹煮 5 分钟左右，其间不停地搅拌。这种酱料非常适合搭配鸡肉菜肴。这份食谱源自 14 世纪中叶德意志的《美食之书》（*Ein Buch von Guter Spise*）。

美味万能酱
（Good All-round Sauce）

400—500 毫升（¾—1 品脱）鸡汤

150 毫升（5 液量盎司）牛肉高汤

约 6 汤匙烤面包丁

图 101

东方人正在采摘胡椒，选自 15 世纪的一幅微型画作。胡椒（学名为“Piper nigrum”）是原产于印度沿海地区一种开花藤本植物的核果。黑胡椒是把尚呈绿色的浆果簇采摘下来，晒干之后制成的，而白胡椒则是用成熟的核果，将其红色表皮用水泡去之后提取得来的。中世纪的人还没有听说过青椒。出现在多种香料中的“椒”一词，可能会混淆我们的视听。荜茇（拉丁学名为“Piper longum”）仅仅是与胡椒属植物具有亲缘关系，但尝起来会让我们想起黑胡椒的味道。荜茇也原产于印度，但到了 19 世纪，这种东西就不再大规模运往欧洲了。多香果（学名为“Pimenta dioica”）亦称“牙买加胡椒”（Jamaica pepper）或“桃金娘胡椒”，它属于桃金娘科植物（学名为“Myrtaceae”）；反过来，玫瑰椒则是由南美一种树上的浆果晒干制成的。辣椒（chilli）则是各种辣子的通用名，人类栽培的种类中包括了甜椒与辣椒，只是这两种东西在中世纪都还不为人知。花椒（学名为“Zanthoxylum piperitum”）又称为“四川椒”或“日本椒”，是一种属于芸香科的树上干燥之后的浆果。天堂椒（学名为“Aframomum melegueta”，为豆蔻属）在中世纪通常被称为“极乐谷”，它是一种与生姜和姜黄具有亲缘关系的植物。在中世纪北欧国家的食谱当中，我们可能很难觅到天堂椒的影子，但在欧洲的其他地区，这种香料却较为常见。在英国，天堂椒亦称“鳄椒”（alligator pepper）或“几内亚椒”（Guinea grains）；天堂椒在法国称为“乐园子”（graines de paradis）、“玛尼哥特椒或几内亚椒”（maniguette or poivre de Guinée），在西班牙叫作“马拉盖塔椒”（malagueta），而在德国则称为“马拉盖塔胡椒”（Malagettapfeffer）。

½ 茶匙胡椒粉

½ 茶匙葛缕子粉

少许番红花粉

食盐

将鸡汤与牛肉高汤一起倒入锅内，烧开，加入烤面包丁和香料，再次烧开。把火关小，焖炖片刻。关火，过滤，然后立即使用，或者放入冰箱冷藏，供日后所用。这道酱料的食谱源自15世纪英国的《烹饪宝典》（*Noble Boke off Cookryn*）一书，也是由威廉·爱德华·米德（William Edward Mead）在其《中世纪的英式盛宴》（*The English Medieval Feast*）中开发出来的。

胡椒酱
（Pepper Sauce）

2 片白面包

6 个鸡肝或其他禽肝

3 汤匙红葡萄酒

约 3 汤匙鸡肉高汤

少许肉桂粉

少许肉豆蔻粉

少许黑胡椒粉

少许番红花粉

食盐

将鸡肝放入锅里充分煎熟，或者在烤箱里烤熟，然后用食品加工机将其搅碎。把面包烤好，切成小块。用一个碗，将面包、鸡肝、调料、葡萄酒和高汤拌在一起。将混合物用滤网过滤，或者用手持搅拌器搅打至均匀细滑。如有必要，可用更多鸡汤稀释酱汁。此酱宜与鱼、肉或者野味搭配食用。

若是愿意的话，您还可以往酱料中加一些糖。这道叫作“佩韦拉达”（pevrada）的酱汁食谱，源自14世纪的意大利，出自弗朗西索·赞布里尼编著的《14世纪烹饪全书》，另一个来源就是奥迪尔·雷顿、弗朗索瓦·萨邦和西尔维诺·塞尔文提三人合著的《中世纪的厨房》一书。

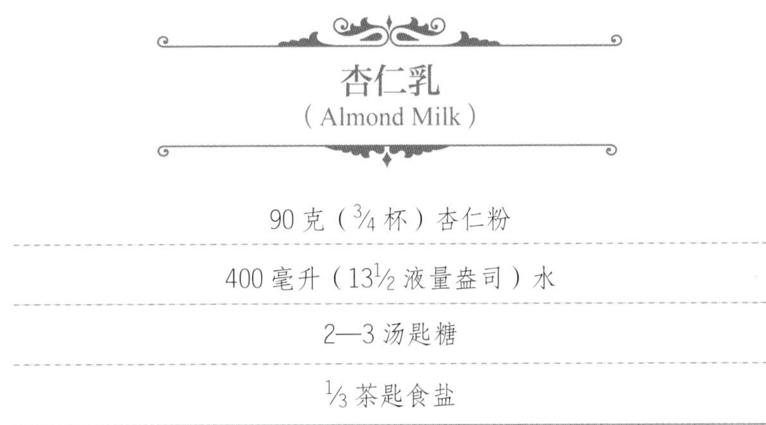

杏仁乳
（Almond Milk）

90克（$\frac{3}{4}$杯）杏仁粉

400毫升（$13\frac{1}{2}$液量盎司）水

2—3汤匙糖

$\frac{1}{3}$茶匙食盐

将水在锅中烧开，加入杏仁粉、糖和食盐。中火焖煮15分钟，其间偶尔搅拌一下。然后滤去渣滓。

这份食谱是以14世纪泰尔冯所著《饮馔录》的译本为基础开发出来的。若是买不到现成的杏仁粉，您也可以使用去了壳的杏仁粒。用研钵将杏仁粒尽可能地捣成细粉；在焖煮的时候，要用手持搅拌器在酱汁中搅打，让杏仁粉更好地溶于酱汁当中，获得更为完美的效果。最后，把酱汁过滤。

图 102 一位新娘及其扈从正在就餐，仆役们正在端上葡萄酒和禽肉馅饼。宫廷中的精美盛宴，通常都是以品尝香料而告结束。

餐后在客厅中享用的香料
(Postprandial Parlour Spices)

茴香

葛缕子

将茴香与葛缕子籽置于餐盘中。如若愿意，您还可以用可食用的银珠进行装点。在用餐结束时，用这些香料搭配希波克拉斯酒（参见第 287 页的食谱）食用。小茴香籽也是一种非常不错的餐后香料。

传统的混合香料
(Traditional Blend of Spices)

1 茶匙黑胡椒粉

1 茶匙肉桂粉

1 茶匙生姜末

¼ 茶匙番红花粉

⅛ 茶匙丁香粉

这是一种传统的中世纪混合香料食谱，适于搭配绝大多数菜肴。您也可以制备出较多的混合香料，存放在自家的调料柜中随时取用。

职业厨师

在中世纪，若是想要做一名厨师，一个人必须通过努力，经历系统性的学徒制度培养才行；这种情况，在中世纪的其他职业领域里也是一样的。法国的厨师曾经成立了一个专业性的组织，其成立时间比其他地方都要早；而在 1268 年所著的《职业之书》（*Book of the Trades*，法语书名为 *Livre des métiers*）中，身为教堂主事的厄特让·布瓦洛（Étienne Boileau）还提到过巴黎大厨公会的章程。英国的厨师到 15 世纪晚期，才形成了自己的专业组织。至于女性在中世纪是否获准去当职业厨师，这个问题一直存有争议，因为我们迄今还没有发现任何一种明确提到这一职业里有女性成员的文献资料。普通厨师的地位在当时并不高。举例来说，在 13 世纪的热那亚（Genoa），厨师的工资水平相对很低，并不是一种令人羡慕的职业；可当上王室宫廷的御用大厨，就完全是另一回事了。

当时，那些专职从事烹饪的厨师经常受到别人的嘲笑。之所以如此，部分原因就在于，中世纪的人对任何一种与处理血液、将不同食材进行组合与转化有关的职业，都持有怀疑的态度；也就是说，他们对改变上帝赐予的万物秩序的职业都持有怀疑态度。尤其是在替代性的菜肴中，有些食材完全伪装成了其他的东西。因此，人们都把厨师和其他那些令人不喜的能工巧匠紧密关联起来，比如屠夫、炼金术士和染匠。

中世纪最有名的厨师，无疑就是纪尧姆·泰瑞尔（Guillaume Tirel，约 1310—1395），也就是人们所称的泰尔冯。此人曾经在法国国王查理五世和查理六世的宫廷中担任过御用大厨，即主厨（maître queux）一职，而法国那部最著名的食谱集《饮馔录》，就是此人所作。“主厨”是专为王室服务的一种职业，直到法国大革命（French Revolution）时期才被废除。其中的“queux”一词，源自拉丁语里的“*coquus*”，意思就是“厨子”。跟所有的王室仆役一样，御厨也会身着饰有其主子标志的制服，得意扬扬。

担任王室御用主厨一职的要求，是非常苛刻的。萨伏依宫廷中的主厨奇卡尔，15 世纪早期曾在萨伏依大公阿曼德斯八世的手下效力；此人在受萨伏依大公钦命撰写的烹饪书《论烹饪》（*On Cookery*，法语书名为 *Du fait de cuisine*）中，把自己的职业界定为科学与艺术的结合。一位厨师必须充分了解食材配料的自然属性，因为他必须知道哪些食材可以安全呈给恩主去享用，而哪些食材又需要经过特殊的处理才行。御厨所需的基本技能，包括烹制不同类型的烤肉、炖菜、酱料、羹汤、果冻肉冻、蜜饯、布丁、粥品、蛋糕、饼干和馅饼。由于有斋戒规定，故厨师必须能够想出一些巧妙的替代品。这些替代食品常常都跟王室在可以吃肉的日子里享用的美味佳肴那样，令人垂涎和印象深刻。然而，要到设计席间菜点的时候，御厨的本事才会面临真正的考验，因为当时设计席间菜点的关键目标，就是创造出一种宏大壮观的场面。厨师们必须尝试使用新的色彩、色彩组合和设计图案。

但在宫廷里面，对于饭菜方面的问题，并非主厨说了算。君主或者常驻宫廷的贵族会从贵族阶层中任命一位总管或者管家，来管理宫廷里的人员和家政（此人在法语中称为“maître d’hôtel”）。储存厨师们用到的食材、制订菜单和烹制菜肴等方面，最终都由总管负责。总管还领导和监督一群指定上菜的杂役，其中包括男仆、香料保管员、面包保管员、斟酒员、切肉师、调酱师和面包师，等等。

在宫廷厨房里，所有工作都指定了专业人员各司其职，而这些专业人员还有一大群帮手来协助工作。其中，有专门负责旋转烤架来烤肉的人，有摆收餐具的人，有酱料调制师，有羹汤烹制师，有香料研磨工和拨火工。在中产阶层或者农民家庭中，这些工作却全都由女主人及其女儿们亲历亲为。

15 世纪勃艮第宫廷的厨房里，还雇用了 2 名厨房书记员来进行全面监管，其职责包括监督厨房开支、食品采购和人员雇用。当时，有 3 名厨师负责为王室烹制饭菜，其中之一便是主厨；此人有一枚特殊的标志，那就是一柄大木勺。还有 25 名专业人员协助厨师们烹制饭菜，而那些专业人员手下，又有一群非专业人员进行协助。值班主厨坐在炉子和配菜台之间，可以看到厨房的每个角落。他一边用那柄大木勺品尝羹汤和酱料的味道，一边给厨房里的人发号施令，要他们各尽其责，而若是后者疏忽大意的话，还可以对其加以斥责。在一些非比寻常的情况下，比如

图 103
一位正在工作的厨师，选自 15 世纪一部手稿中的插画。

第一道松露上桌时，主厨也有可能亲自上场，手持火把去上菜。宫廷编年史家奥利维尔·德·拉·马尔凯（Olivier de la Marche，1425—1502）曾经带着尊敬与钦佩之情，详细地描述了这一切。

在遥远的北欧各国，中世纪及现代早期的王室城堡曾经都是重要的行政中枢，里面有许多的官员、职员和雇工需要吃喝。连哈姆城堡也雇用了 1 名城堡厨师、1 名酒窖管理员、1 名酿酒师、1 位面包师、1 名箍桶匠、1 名补锅匠、1 名屠夫，还有其他的工匠和仆役。在约翰公爵与凯瑟琳·贾格伦这对夫妇治下的那个时期，图尔库城堡里始终都有 4 名主厨、2 名副厨、4 名厨师学徒、1 名面包师、1 名银器保管员以及许许多多的男仆，来服侍这对王室夫妇的一日三餐。

蛋奶菜肴

MILK AND EGG DISHES

香草干果布里干酪
（Brie with Herbs and Nuts）

300 克（$10\frac{1}{2}$ 盎司）布里干酪

100 克（$3\frac{1}{3}$ 盎司）法式鲜奶油（crème fraîche）

50 克（$1\frac{3}{4}$ 盎司）坚果

1 汤匙欧芹，切碎

1 汤匙香葱，切碎

1 汤匙百里香，切碎

1 瓣大蒜，拍碎

1 汤匙柠檬汁

食盐

胡椒

将坚果磨碎。用一个碗，把法式鲜奶油、柠檬汁、坚果、草本香料、大蒜、食盐和胡椒拌起来。放入冰箱冷藏1个小时。将布里干酪水平地切成厚度相等的两半。将奶油与草本香料的混合物分别抹在两半干酪上，然后紧紧压在一起。用厨用锡纸将奶酪包好，放入冰箱冷藏。上桌食用时，要提前30分钟从冰箱里取出来。

在数个世纪的时间里，法国北部的布里地区都是巴黎奶酪零售商的一个集散中心。查理大帝就特别喜欢吃“莫城的布里干酪”（Brie de Meaux），而奥尔良（Orléans）的查尔斯大公过新年时，也会给手下的女性朝臣分发这种奶酪。我是根据若西·玛尔蒂-迪福所著的《中世纪的美食》一书，开发出了这份食谱。

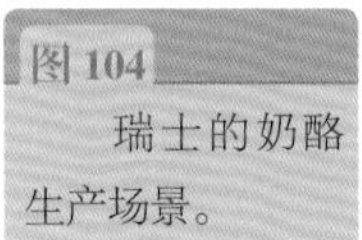

图104 瑞士的奶酪生产场景。

姜味奶酪馅饼
（Gingered Cheese Pie）

主 料

100克（$3\frac{1}{2}$盎司）黄油

175克（$1\frac{1}{4}$杯）中等粗细的小麦面粉

$\frac{1}{3}$茶匙食盐

2汤匙水

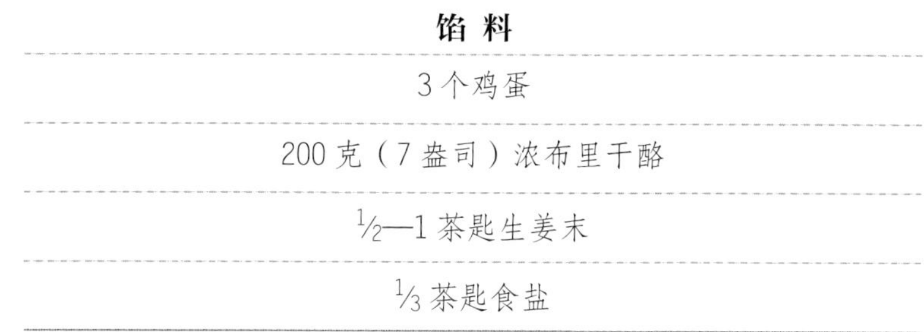

馅 料
3 个鸡蛋
200 克（7 盎司）浓布里干酪
$\frac{1}{2}$—1 茶匙生姜末
$\frac{1}{3}$ 茶匙食盐

将面粉和食盐过筛，加入黄油，然后用手指将食材和成一种松散的面糊。最后加水，迅速揉制。将面团压入一个圆形馅饼盘，使之紧贴盘子的底部和四周。布里干酪去皮，切成丁。用一个碗，将鸡蛋搅打好，加入调料和干酪。将由此形成的混合物用滤网过滤，或者用手持搅拌器搅打，制成一种无结块的馅料。将混合物倒在馅皮上，放到烤箱的中层烤架上，用200℃（390 °F）的温度，烤至馅料隆起、变成焦色，时间差不多为半个小时。上桌食用之前，应当让馅饼冷却片刻。

这份食谱依据的是 14 世纪晚期英国的《烹饪之法》中关于烹制“布里干酪馅饼”（Tart de Bry）的说明；同时，我也参考了康斯坦斯・B. 海特、布伦达・霍辛顿（Brenda Hosington）和莎朗・巴特勒合著的《烹饪之乐：现代厨师的中世纪烹饪术》（*Pleyn Delit: Medieval Cookery for Modern Cooks*）一书。

提子枣椰奶油派
（Cream Pie with Raisins and Dates）

主 料
125 克（$4\frac{1}{2}$ 盎司）黄油
200 克（$1\frac{1}{2}$ 杯）中等粗细的小麦面粉
$\frac{1}{2}$ 茶匙食盐

4 汤匙水
（可选：1 汤匙食糖）
馅 料
400 毫升（$13\frac{1}{2}$ 液量盎司）奶油
6 个鸡蛋的蛋清
3 汤匙食糖
3 汤匙葡萄干
$1\frac{1}{2}$ 汤匙干枣椰，去核

用手指将黄油、面粉和食盐（若是希望馅饼皮有甜味，您可以加入食糖）和在一起，形成一种松散的面糊；加水，迅速揉制。将面团放入一个具有活动底部的蛋糕烤盘（直径为 20—22 厘米，或者 8—9 英寸）并加以按压，使之紧贴烤盘底部和四周。将一张厨用锡纸抹上黄油，衬好馅皮，四周也得衬好。将干豌豆填入已经衬好的馅饼皮里。将馅皮放在烤箱的中层烤架上，用 200℃（390 °F）的温度盲烤 9 分钟。倒掉豌豆，撤掉厨用锡纸，用叉子在馅皮上到处扎一扎，然后再烤上几分钟。准备好馅料：将干枣椰和葡萄干切得很碎，撒在馅皮上。用一个碗，将蛋清、奶油和糖搅打均匀，然后将这种混合物倒在馅皮上。放到烤箱的下层烤架上，用 175℃（350 °F）的温度，烤至馅料凝固成块且变成一种漂亮的颜色，或者说烤制半个小时左右。稍凉后即可上桌，亦可冷藏之后上桌食用。

在中世纪的宴会上，奶油派都是搭配主菜上桌的；然而，如今人们可能更喜欢将它们当成甜点了。上面这份食谱依据的是 16 世纪英国的一部烹饪书［《烹饪新典》（*Proper New Book of Cookery*），1575］，同时我也参考了奥卢中世纪协会编纂的作品［《奥卢中世纪协会：中世纪的食谱》（*Oulun keskiaikaseura: keskiaikaisia reseptejä*）］。烹制这道特殊的菜肴时，我的同事们用的是千层馅皮，但传统的酥皮面团很可能更为适宜。

苹果煎蛋卷
（Apple Omelette）

1 个大苹果或 2 个小苹果

100 毫升（$\frac{1}{2}$ 杯）水

1 汤匙黄油

3 个鸡蛋

2 茶匙糖

少许食盐

$\frac{1}{3}$ 茶匙黑胡椒粉

少许肉桂粉

少许番红花粉

苹果去皮，切丁。置于锅内，加水，烹煮 2—3 分钟，将水沥干。把黄油放进锅中加热熔化后，将苹果丁煎至呈一种漂亮的金黄色。用一个碗，将鸡蛋、糖、食盐和香辛料稍加搅打。必要的话，可以往煎锅内再加黄油，然后将蛋液倒入。翻炒片刻，然后盖上锅盖，使之凝固成蛋卷。

《巴黎主妇》那位不知名的作者建议说，读者可以将上面这道名叫“*Riquemenger*”的煎蛋卷置于一片面包上享用，9 月份尤宜食用。然而，这道出色的煎蛋卷本身就味道极佳，且一年到头都可以享用。

芥末沙司荷包蛋
（Poached Eggs with Mustard Sauce）

切片白面包

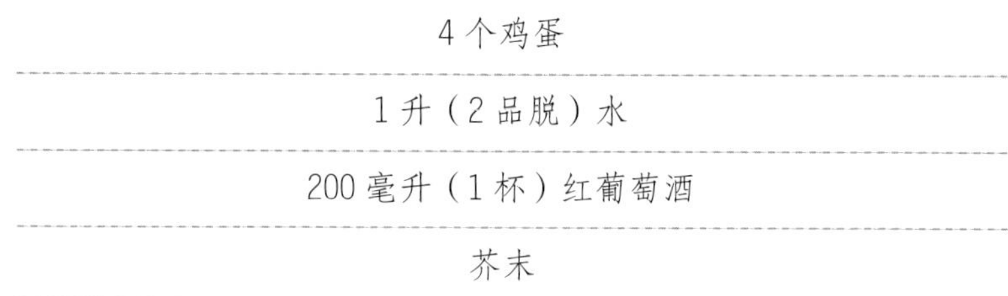

4个鸡蛋

1升（2品脱）水

200毫升（1杯）红葡萄酒

芥末

将水和葡萄酒倒入锅内，加热至略低于沸腾的程度。将一个鸡蛋打在玻璃杯内，然后小心地倒入快要沸腾的酒、水混合汤液中；其余的鸡蛋也照此行事。文火慢煮4—5分钟。用一把漏勺，小心地把鸡蛋捞出来，置于盘中或者放在干净的毛巾上，沥干水分。留下部分汤液，根据自己的口味加入芥末，然后煮上片刻，直到汤汁变稠成为酱汁。把面包烤好。将荷包蛋置于面包片上，浇上酱汁。若是喜欢的话，您还可以往荷包蛋上撒点儿龙蒿叶、胡椒粉和食盐。

这份食谱的原始配方，我们可以在《巴黎主妇》一书中看到：

> 芥末汤。置蛋、酒与水于锅内，煮沸。面包置于烤架上烤制；汤液煮开，部分留于锅内。加芥末入锅，烧开。鸡蛋置诸面包上，浇汤汁。

金汁荷包蛋
(Poached Eggs in Golden Sauce)

3个鸡蛋

约150毫升（5液量盎司）牛奶

约6汤匙米粉

数撮番红花粉

2汤匙蜂蜜

（可选：食盐、黑胡椒粉）

图 105
一位农妇正在捡鸡蛋，选自15世纪《健康全书》中的一幅插图。

米粉与牛奶入锅，加热并混合成一种浓稠的酱汁。加入蜂蜜和番红花粉，中火翻炒。另用一口平底锅将水烧开，煮好荷包蛋。将荷包蛋置于餐盘中，浇上酱汁。上桌食用。

往水中加入1匙醋，可以防止蛋清在烹煮的过程中散开。若是愿意的话，您还可以用少许食盐和黑胡椒粉，给酱汁调味。

这份食谱源自15世纪英国的一部手稿（哈雷手稿5401号）：

荷包蛋。配净牛奶，取米粉或面粉，将牛奶、米粉或面粉拌和，加番红花上色，置锅内煮开；另取一锅，加水烧开，打入鸡蛋，任其在水中煮硬，继而置于盘中，浇上染色之牛奶，上桌食用。

图 106

鸡蛋商。在中世纪的文化中，鸡蛋象征着性欲、春天和新生。蛋壳的白色象征着纯洁和完美。鸡蛋孵化成小鸡，象征着基督从坟墓中复活，因此鸡蛋就成了复活节一种流行的装饰品。当时，人们已经熟悉并且践行着装饰复活节彩蛋的传统了；人们还会把彩蛋藏在花园里，让孩子们去找。复活节既预示着美好的春日即将到来，也预示着四旬斋即将结束。

黄金汤
（Golden Soup）

600 毫升（$1\frac{1}{4}$ 品脱）鸡汤或蔬菜汤

2 片白吐司面包，切丁

2 个鸡蛋

$\frac{1}{4}$ 茶匙生姜末

少许高良姜粉

$\frac{1}{2}$ 茶匙糖

少许番红花粉

1 汤匙柠檬汁

（可选：$\frac{1}{2}$ 茶匙小豆蔻、肉桂或芫荽）

在一口炖锅内，将鸡汤或蔬菜高汤烧开，然后把火关小。将两片白面包稍微烤制一下，切成细丁。用一个碗，将鸡蛋搅打均匀，加入糖和香料，最后加入热高汤，同时不停搅拌。再加入面包丁，然后将由此形成的混合物倒回锅内。重新加热一两分钟的时间，但不要煮沸，以免汤汁凝固成块。最后加入柠檬汁，上桌食用。这份食谱选自《烹饪之法》一书；莫伊拉·巴克斯顿在其《中世纪的烹饪今探》中，也开发出了一种版本。

若是买不到高良姜，您不妨稍微多用一点儿生姜。小豆蔻、肉桂和芫荽，也是宜用于这道羹汤的香料。

甜食

DESSERTS

“纽卡托”（加香蜂蜜果仁酥）
[Nucato（ Spiced Honey and Nut Crunch）]

750 毫升（$3\frac{1}{4}$ 杯）蜂蜜

1 千克（2 磅 3 盎司）碎坚果或碎杏仁

1 片柠檬，用于涂抹在混合物上

混合香料

1 茶匙生姜末

$\frac{1}{2}$ 茶匙黑胡椒粉

1 茶匙肉桂粉

$\frac{1}{3}$ 茶匙丁香粉

用一口锅将蜂蜜烧开，其间不停搅拌。加入碎坚果或杏仁，以及1茶匙混合香料。中火熬煮30—45分钟，同时经常搅拌，且应注意，不要将坚果或杏仁加热过度，以免它们颜色变黑、味道变苦。待坚果开始爆裂，就算熬制好了。最后，将剩下的混合香料拌入，并将“纽卡托”倒在一张烘焙纸上，放凉。用一片柠檬涂抹其表面，使之变得细滑。上桌食用之前，放在冰箱内冷藏。这一食谱的历史可以追溯至14世纪的意大利，源自弗朗西索·赞布里尼编辑的《14世纪烹饪全书》，也是由奥迪尔·雷顿、弗朗索瓦·萨邦和西尔维诺·塞尔文提三人在合著的《中世纪的厨房》一书中开发出来的。

加香梨汤
（Spiced Pear Soup）

4—5个大梨子

250毫升（1杯）啤酒

蜂蜜

½茶匙胡椒粉

½—1茶匙生姜末

1茶匙肉桂粉

（可选：½茶匙高良姜粉）

梨子去皮、切丁，然后用中火在啤酒中烹煮15—20分钟，或者煮至梨子变软。用手持搅拌器将梨子搅打成汁。加入胡椒与蜂蜜调味。再用小火烹煮约10分钟的时间。加入生姜末、高良姜粉（如果喜欢的话）和肉桂粉。趁汤温热时上桌食用，冷藏之后亦可。上桌食用之前，还要撒上肉桂粉。

在中世纪，欧洲各地都长有野生梨树，但也有栽培的梨树。梨树栽培

图 107

正在偷樱桃的男孩，选自 14 世纪《鲁特瑞尔诗篇》中的一幅插图。在斯堪的纳维亚半岛，1442 年克里斯托弗国王颁布的《土地法》规定，偷盗苹果的行为会受到罚款。用中世纪的说法就是，该法规定，若是一个小偷在别人家的果园里偷窃苹果或其他水果时被逮住，且管理果园的农夫揪住了小偷的衣服作为证据，或者有两人证明此人是小偷，那么巡回法庭就会判处小偷支付 3 马克[①]的罚款作为赔偿。“若砍伐别人果园中的一棵苹果树或其他果树，须处 3 马克罚款。若砍下果树枝条，在证人面前被拿住，则须处以 6 便士罚款。”

的最早记录可以追溯到公元前 4 世纪。中世纪北欧各国的人也懂得栽培梨树，只是这种果树在气候暖和的地区长得更好。梨子成熟后，人们会随即将它们用于食物和饮料当中，因为梨子只能保存很短的时间，而且磕碰之后很容易坏掉。这种水果的鲜美味道，也限制了梨子的贸易、运输和储存。

① 马克（mark），德国、瑞典、芬兰等北欧国家历史上曾经使用的一种货币单位。

樱桃布丁
(Cherry Pudding)

500 克(1 磅)新鲜樱桃

200 毫升($1\frac{1}{4}$ 杯)红葡萄酒

180 克($\frac{3}{4}$ 杯)糖

30 克(1 盎司)黄油

100 克($3\frac{1}{2}$ 盎司)白面包丁

樱桃洗净，去柄、去核。在一个碗内，用手持搅拌器将樱桃、$\frac{3}{4}$ 的葡萄酒以及一半的食糖搅打成泥。在锅内将黄油加热熔化，倒入樱桃泥、面包丁、剩下的葡萄酒和食糖。中火焖炖至混合物明显变稠了为止。倒入碗中，冷藏。布丁冷却之后，用可食用的花朵和冰糖加以装点。

这份食谱源自《烹饪之法》(约 1390)，是英国国王理查二世手下的主厨们首创出来的，而莫伊拉·巴克斯顿在《中世纪的烹饪今探》一书中，也开发出了一个版本。

分层杏仁乳布丁
(Layered Almond Milk Pudding)

200—250 克(7—9 盎司)杏仁粉

500 毫升(1 品脱)牛奶

4—5 片吉利丁片

100 克($3\frac{1}{2}$ 盎司)糖

50 毫升奶油，搅打起泡

3 汤匙蓝莓（用深蓝色的浆果）

用一口炖锅，将牛奶、杏仁粉与食糖混合起来。烧开，搅拌，并用中火焖煮 10 分钟。用冷水将吉利丁片泡软，挤出多余的水分，然后泡在 4 汤匙杏仁乳中。将有吉利丁片的杏仁乳倒入锅内，同时搅拌。关火。待混合物冷却之后，再加入奶油。

用滤网将蓝莓压碎，挤出汁液。把布丁混合物分成两份，其中之一用蓝莓汁上色。将两份布丁倒入一个模具当中，一份在上、一份在下，然后冷藏一晚。第二天，小心地将模具翻过来，您就会得到一份漂亮的双色甜点。上桌食用之前，还可以对它加以装饰，比如用红莓和薄荷叶进行点缀。若是希望做出一种更为惊人的布丁，您还可以将每种颜色都层叠两次。这份食谱依据的是 14 世纪的泰尔冯在《饮馔录》中给出的烹饪说明，同时也参考了 16 世纪德国的《萨布丽娜的糕点书》（*Das Kuchbuch der Sabrina*）。

还有一种制作分层布丁的方法：

1 升（2 品脱）杏仁乳（按照第 259 页的食谱制作，但不要用食盐，而要用大量的糖）

10—12 片吉利丁片

6 汤匙蓝莓，用滤网榨取汁液

将杏仁乳分成两半，用蓝莓汁给其中的一份上色。每一份中都加入吉利丁片（用 5—6 片）。将混合物倒入模具当中，其中一种颜色的一半杏仁乳位于呈另一种颜色的一半之上。

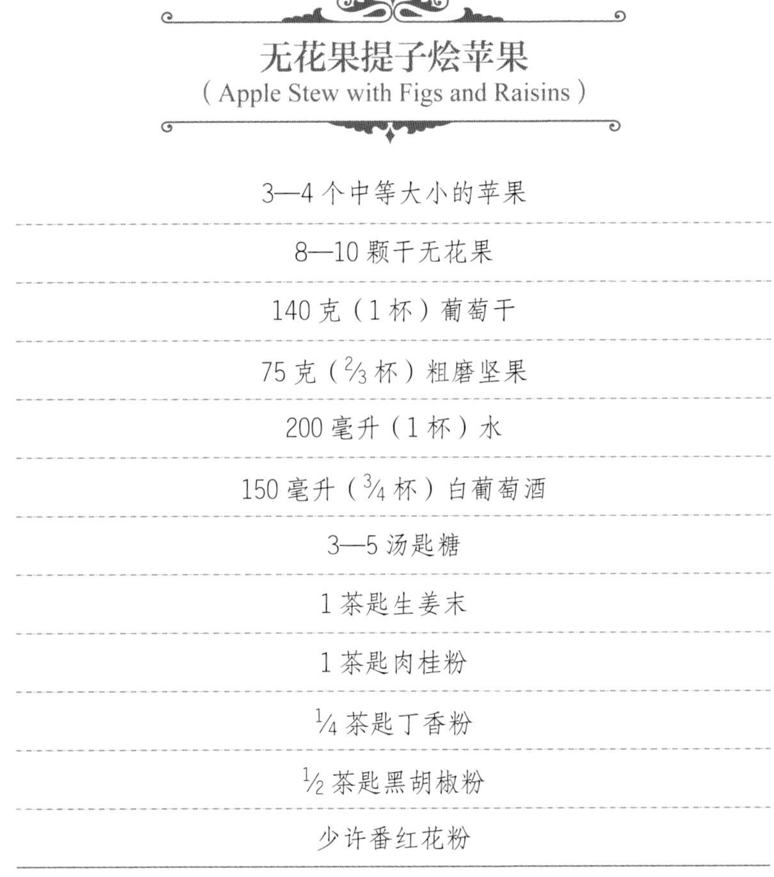

无花果提子烩苹果
（Apple Stew with Figs and Raisins）

3—4 个中等大小的苹果

8—10 颗干无花果

140 克（1 杯）葡萄干

75 克（$\frac{2}{3}$ 杯）粗磨坚果

200 毫升（1 杯）水

150 毫升（$\frac{3}{4}$ 杯）白葡萄酒

3—5 汤匙糖

1 茶匙生姜末

1 茶匙肉桂粉

$\frac{1}{4}$ 茶匙丁香粉

$\frac{1}{2}$ 茶匙黑胡椒粉

少许番红花粉

将苹果去皮、切丁，把无花果细细切碎。用一口锅，倒入水和葡萄酒，将苹果、无花果和葡萄干烹煮 15 分钟左右，或者煮至它们变软。加入坚果、糖和香料。尝尝味道，必要时可调整调料用量。您可以把这道烩菜放入冰箱冷藏，然后与杏仁酪（参见下面的食谱）一起，装在一个漂亮的甜点碗里上桌食用。

这份食谱是根据《巴黎主妇》一书中对斋戒期内鱼类菜肴的一道配菜的烹制说明而开发出来的。D. 埃莉诺 · 史卡利（D. Eleanor Scully）和特伦斯 · 史卡利（Terence Scully）两人在《早期的法国烹饪》（*Early French Cookery*）一书中，也对这份菜谱进行了开发。

杏仁酪
（Almond Cream）

125 克（4½ 盎司）杏仁粉

100 毫升（½ 杯）水

100 毫升（½ 杯）甜白葡萄酒

300 毫升（1½ 杯）奶油

2—3 汤匙糖

⅓ 茶匙食盐

将杏仁粉加入水中煮上片刻，同时搅拌。然后加入葡萄酒、食盐、糖和奶油，用中火烹煮，并且边煮边搅拌，直至混合物变稠成凝脂状。最后，将混合物过滤，尝尝味道，必要时可再加食糖。杏仁酪都是冷藏后上桌食用的；在冰箱里，杏仁酪会进一步变稠。您可以用杏仁酪搭配各种馅饼或者新鲜水果和浆果。这份食谱源自朱卡·布洛姆奎斯特（Jukka Blomqvist）与奥瑞·哈科玛（Auri Hakomaa）所著的《中世纪美食的秘密》（*Keskiajan keittiön salaisuudet*）一书。

在中世纪的英国，杏仁乳或者杏仁酪通常都在第三道菜刚一开始时上桌，随后则是油炸果饼。例如，在 1403 年伦敦为英国国王亨利四世和纳瓦拉的琼两人举办的婚宴上，餐后所上的美味甜点就是杏仁酪、糖浆梨子、油炸果饼、奶油布丁和酥皮糕点。

玫瑰布丁
（Rose Pudding）

1 朵白玫瑰

5—6 汤匙米粉

250—300 毫升（1—1¼ 杯）牛奶
50 克（1¾ 盎司）糖
¾ 茶匙肉桂粉
¾ 茶匙生姜末
550—600 毫升（2¼—2½ 杯）奶油
少许食盐
10 颗去核干枣椰，切碎
1 汤匙松仁

将玫瑰花瓣从花冠上摘下，去掉萼片。把花瓣在热水中浸泡数分钟，然后小心地夹在两张厨用纸巾之间，上面用个扁平之物压住，吸干水分。把米粉和少量牛奶倒入锅中，搅拌成细滑的糊状，然后倒入余下的牛奶。一边搅拌，一边加热，直至混合物变稠。将锅子从炉子上端下，加入糖、食盐、香料和奶油。再把炖锅放到炉子上，用中火加热并搅拌，使得混合物再次变稠，但不要沸腾。加入枣椰、松仁和玫瑰花瓣，再搅拌几分钟的时间。盛入碗中，任其冷却。在放凉过程中还要时不时搅拌一下，以防表面形成一层膜。放入冰箱冷藏。上桌食用之前，还可以用切碎的枣椰、松仁和玫瑰花瓣进行装饰，或用一整枝玫瑰进行点缀。

这道玫瑰布丁的原始食谱出自 14 世纪晚期的英国，选自《烹饪之法》，而莫伊拉·巴克斯顿在《中世纪的烹饪今探》一书中也已开发出了一种版本。

不要从花店购买温室里栽培的玫瑰花来烹制这种布丁，因为栽培出售的切花玫瑰上，可能含有有害的化学物质。我建议您在夏季制作这种布丁，此时您可以在自家花园里或者在野外，采摘到免费的玫瑰。（然而，您也不要采摘交通繁忙的主干道附近那种玫瑰丛中的玫瑰。）若是花瓣稀疏，您可以用两枝玫瑰，而不是只能用一枝。

图 108

两位女士正在采摘玫瑰，选自《健康全书》中的一幅插画。在中世纪，花朵与草本香料一样，被人们用作装饰品、上色剂和食物调味剂。食物的颜色是由花朵的颜色决定的，当然，前提是花朵的颜色在烹饪过程中成功地转移到了食物上。虽说玫瑰不具备上色能力，但其花朵香味浓郁，很适宜做甜味布丁的配料。玫瑰水被人们用作一种酱料，来为甜味烘焙食品增添风味。接骨木花也可以添加到糕点和精致汤品中去，而烹饪书籍中还提到了报春花和山楂花。蓝色或蓝紫色的紫罗兰，可以给菜肴增添一种有如天堂般的神圣色彩。花朵也可以用于装点各式各样的肉类菜肴，比如香辣肉丸。或者，把煮熟后的干紫罗兰花瓣在研钵里磨碎，然后加入杏仁乳里增稠，就成了一道完全独立的菜品。用紫罗兰来装饰橘红色、金黄色的果冻，可以形成一种鲜明的对比。自然，人们也给这些花朵赋予了丰富的象征意义，结果就使得它们更受人们的欢迎，在节庆场合下尤其如此。蓝色的紫罗兰代表着宗教虔诚，紫色的紫罗兰代表着基督所受的苦难，而紫红色的紫罗兰则代表了天国。有三种颜色的花朵，象征着“三位一体”。在基督教寓言当中，红色的玫瑰象征着基督的鲜血，以及神圣之爱。红玫瑰也是圣母马利亚的象征。在世俗的象征意义中，玫瑰则是一种流行的爱情标志，迄今依然如此。

胡桃枣椰馅饼
（Walnut and Date Pie）

主 料

450 毫升（2 杯）中等粗细的小麦面粉

½ 茶匙食盐

125 克（4½ 盎司）黄油

5 汤匙水

馅 料

2 汤匙糖

⅓ 茶匙丁香粉

1½ 汤匙葡萄干

100 毫升（½ 杯）胡桃

100 毫升（½ 杯）去核干枣椰，切碎

约 500 毫升（1 品脱）杏仁乳

调制出可分成两份的杏仁乳（参见第 259 页上的食谱），最好是调制得相当浓稠。准备好馅皮：用双手指尖，将面粉、食盐及黄油和成一种松散的面糊，然后加冷水，并且迅速揉制。将面团分成 3 份，其中之一再分成两半；这样一来，总共就有 4 份面团了。将一块大面团压入一个带有活动底部（直径为 20—22 厘米，或者 8—9 英寸）的蛋糕烤盘中，使之紧贴烤盘的底部和四周。撒上食糖和少许丁香粉，再将坚果均匀地铺在上面。然后，将少量杏仁乳倒在上面。将一块较小的面团擀成一个相应的圆圈，置于最下面那层面团之上。撒上食糖和丁香粉，加入枣椰，顶上浇少量杏仁乳。将第二块小面团擀成一层面皮，撒上糖。将葡萄干撒在这层面皮上，

并且再次浇上一点杏仁乳。将第二块大面团擀成顶层面皮，盖住整个馅饼。放在烤箱中的下层烤架上，用180℃（355 °F）的温度，烤制1个小时左右。

这份食谱源自14世纪的意大利，出自弗朗西索·赞布里尼编辑的《14世纪烹饪全书》，是由奥迪尔·雷顿、弗朗索瓦·萨邦和西尔维诺·塞尔文提三人在合著的《中世纪的厨房》一书中开发出来的。杏仁酪（参见第280页上的食谱）非常适宜搭配这道食材丰富、松软湿润的馅饼，且这种馅饼既可以冷藏后上桌，也可以在常温下食用。

图 109 人们在酒馆里喝酒时。酒馆下面，一位酒窖管理员正在工作。在中世纪的人看来，我们可以通过下述事实，判断出一个人品德高尚、德行正直：这种人，在正式的宴会上喝酒时很谨慎，而在其他场合下也不会饮酒过量。

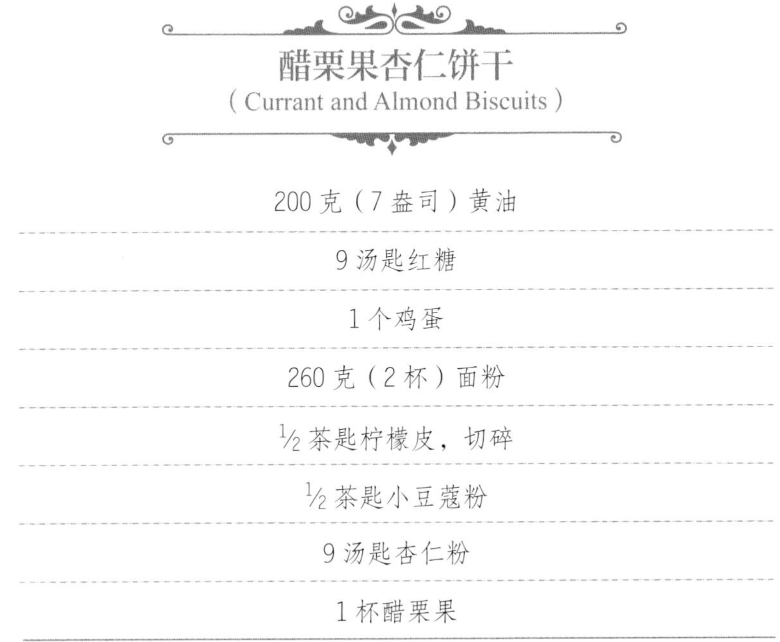

醋栗果杏仁饼干
（Currant and Almond Biscuits）

200克（7盎司）黄油

9汤匙红糖

1个鸡蛋

260克（2杯）面粉

½茶匙柠檬皮，切碎

½茶匙小豆蔻粉

9汤匙杏仁粉

1杯醋栗果

将烤箱预热至180℃（355 °F）。把黄油和食糖拌在一起，搅打至呈蓬松状态，再加入鸡蛋进行搅拌。将柠檬皮、小豆蔻粉、食糖、杏仁粉和醋栗果一起拌入面粉中，加入已经搅打成奶油状的黄油。将面团制成圆形的扁平饼干。若是面团黏手，可以将面团置于冰箱中冷藏片刻。将饼干放在烤箱内的中层烤架上，烤制10—12分钟，或者烤至饼干变色。取出放凉。上述面团的分量，可以制成大约24块中等大小的饼干，装满两个烤盘。

这份食谱，我是参考了玛德琳·佩尔纳·科斯曼及奥卢中世纪协会的作品之后，开发出来的。

松子软糖
(Pine Nut Fondants)

200 克（7 盎司）食糖

2 汤匙清澈的稀蜂蜜

125 毫升（$\frac{1}{4}$ 品脱）水

1—$1\frac{1}{2}$ 汤匙碎松仁

约 100 克（$3\frac{1}{2}$ 盎司）松软的白面包，搓碎

$\frac{1}{2}$—1 茶匙生姜末

用一口锅，倒入食糖、蜂蜜和水，用中火加热，熬成糖浆状。关火，用力搅拌几分钟。加入余下的配料。将一个浅底烤盘用水打湿，然后把混合物倒在盘中。任其冷却变硬。然后将软糖切成小块，上桌食用。这份食谱依据的是《烹饪之法》一书中的烹饪说明，而莫伊拉·巴克斯顿在其《中世纪的烹饪今探》中也开发出了一种版本。

饮品

DRINKS

希波克拉斯酒

（Hippocras）

1 升（2 品脱）红葡萄酒

150 克（5 盎司）食糖

2 茶匙肉桂粉

2 茶匙生姜末

（可选：小片高良姜，参见第 123 页）

将少量葡萄酒连同食糖一起倒入锅中，加热至食糖熔化，但不要让其沸腾。另用一个碗，将其余配料拌到一起；倒入加了糖的葡萄酒，静置几个小时，其间偶尔搅动一下。用折叠的粗棉布，把酒液过滤几次，直到酒液变得清亮为止。装入瓶中，过一两天之后再饮用。您也可以用少许肉豆蔻粉、胡椒粉，甚至是丁香粉试一试，给这种酒品增添风味。

这份食谱是以《巴黎主妇》中的说明为基础开发的。奥迪尔·雷顿、弗朗索瓦·萨邦和西尔维诺·塞尔文提三人在《中世纪的厨房》一书中也提供了一种版本。

克拉雷干红葡萄酒
（Claret）

1 瓶白葡萄酒

100—200 毫升（½—1 杯）蜂蜜

1 汤匙肉桂粉

1 汤匙生姜末

1 汤匙小豆蔻粉

1 茶匙白胡椒

将葡萄酒和蜂蜜倒入锅中，加热至沸腾。撇去表面的浮渣，尝尝甜度，加入香料。将酒液倒入碗中，盖上碗盖，酿泡 24 个小时。用一块干酪包布，将酒液过滤数遍。装瓶。一个月之后，这种酒就可以饮用了，但一年之后再饮用，口感最佳。这份食谱选自 14 世纪英国的食谱集《烹饪之法》，且参考资料中还有康斯坦斯·B. 海特和莎朗·巴特勒所著的《英国烹饪》一书。

中世纪时有众多知名的加香葡萄酒，其中的克拉雷干红葡萄酒（*claret*，亦称“*clarrey*”，源于法语中的“*claré*”或“*claree*”一词）则是仅次于希波克拉斯酒、人们最常饮用的一种酒品。这种酒的酒名，源自拉丁语“*vinum claratum*”，意思是指“酿制得清澈透亮的葡萄酒”。如今，“克拉雷”指的则是一种干红葡萄酒。此酒还有一些配方更为复杂的品种［比如“勋爵干红”（Lord’s Claret）］，其中含有较多的香料，且含少量烈酒。在中世纪，人们饮用的加香葡萄酒通常都是在家里酿制出来的。最简单的酿制方法就是把香料用布袋包住，放在葡萄酒里浸泡。

图 110 一位管家正在指导其助手掌握葡萄酒的储存方法。法国诗人尤斯塔什·德尚(Eustache Deschamps)曾列举出25种不同的葡萄酒，并且建议每一位能干的主妇，最好在酒窖里储备这些酒品。

鼠尾草酒
(Sage Wine)

2茶匙干鼠尾草

1升（2品脱）干白葡萄酒

100毫升（½杯）清亮的烧酒

30块方糖

2颗丁香

2片月桂叶

图 111
麦基洗德[①]给亚伯拉罕面包和葡萄酒，以示好客，选自15世纪德克·勃茨的一幅油画。

① 麦基洗德（Melchizedek），《圣经》中的一个人物，是耶路撒冷的国王兼祭司，其事迹见于《创世记》《诗篇》《希伯来书》。后文中的亚伯拉罕（Abraham）也是《圣经》中的一个人物，他是犹太教、基督教和伊斯兰教的先知，也是希伯来民族和阿拉伯民族的共同祖先，曾在神的指示下前往迦南，并在那里受到神的启发。亚伯拉罕打败基大老玛及其联盟归来时，麦基洗德曾以面包和酒慰劳亚伯拉罕，并为他祝福，亚伯拉罕则将所得战利品的 $^1/_{10}$ 献给了麦基洗德。

将配料置于一个合适的容器内，比如放在一个带盖的家用水桶里。让酒液酿泡一个月，其间偶尔搅拌一下。将酒液过滤，盛在一只干净的玻璃瓶中。由于照这个食谱酿制出的酒很少，因此您可用加倍或者 3 倍的配料来酿制。这种酒，宜冷藏后上桌饮用。鼠尾草酒（法语中称为“*saugé*”）是一种非常不错的迎宾酒。其原始配方可以追溯到 14 世纪的法国，出自《巴黎主妇》一书。

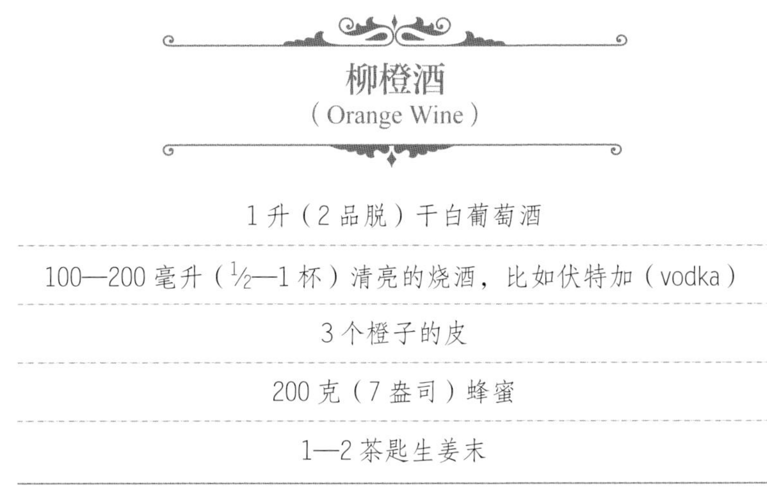

柳橙酒
（Orange Wine）

1 升（2 品脱）干白葡萄酒

100—200 毫升（½—1 杯）清亮的烧酒，比如伏特加（vodka）

3 个橙子的皮

200 克（7 盎司）蜂蜜

1—2 茶匙生姜末

将橙子洗净去皮，并将橙皮切碎。将碎橙皮放在加了姜末的葡萄酒中浸泡 2 个星期。加入蜂蜜与烧酒，过滤，然后装瓶酿泡。柳橙酒（法语名为“*orangeat*”）需要久酿，故需要好几个月之后才能饮用。这是一道很不错的甜味酒品。

中世纪时的橙子并不甜，而是味道很酸，几乎可与柠檬相提并论。未去皮的橙子很好储存，从地中海地区出口到了欧洲的其他地区。当时的人既食用整颗橙子，也用橙子来榨取果汁。北欧国家进口的橙子和柠檬都属于奢侈品，只有富裕家庭才消费得起。

我是按照若西·玛尔蒂－迪福所著的《中世纪的美食》一书，开发出这份食谱的。

姜味蜂蜜酒
(Gingered Mead)

1 升(2 品脱)水

1 千克(2 磅)蜂蜜

$\frac{1}{10}$ 包葡萄酒酵母粉

50 毫升($1\frac{1}{2}$ 液量盎司)淡麦酒

一块新鲜的生姜(按口味)

将生姜切片。用一口锅,倒入水、蜂蜜和生姜片,烹煮片刻,撇去表面上的浮渣。放凉至室温。将酵母粉倒入少量啤酒当中搅匀,然后倒入锅中。将酒液用合适的容器装好,在室温下储存 5 个星期,前两个星期里偶尔还要搅动一下。

将酒液过滤,注意不要容器底部残留的酵母粉。然后再让其酿泡 3 个星期。装瓶,仍须注意,不要容器底部残留的酵母粉。再酿泡 1 个星期,但这次要放在阴凉之处。冷藏之后,上桌饮用。

薄荷蜂蜜酒(参见下面的食谱)酿制起来则比较快。这一食谱,借鉴了桑德拉·埃斯特兰德(Sandra Årstrand)的《现代瑞典的中世纪美食》(*Medeltida mat på modern svenska*)一书。

薄荷蜂蜜酒
(Minted Mead)

4 升($8\frac{1}{2}$ 品脱)开水

250 克(9 盎司)蜂蜜

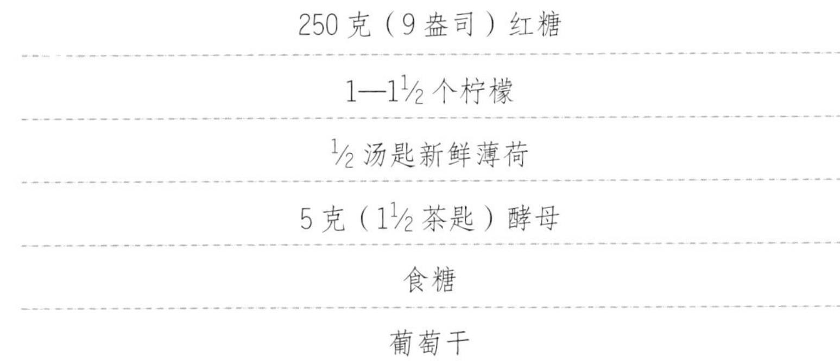

250克（9盎司）红糖

1—1½个柠檬

½汤匙新鲜薄荷

5克（1½茶匙）酵母

食糖

葡萄干

将柠檬彻底洗净，切下几片薄薄的柠檬皮，放到一个又大又深的盘子里。接下来，将柠檬完全去皮、去核。切成薄片，连同薄荷、红糖，一起加入盘中。倒入开水。待开水差不多冷却至室温时，加入蜂蜜，任其溶解。加入酵母粉。将溶液置于室温下，酿泡24个小时。

准备好足够多的干净瓶子，每个瓶子里都倒入½茶匙的食糖，并且放上几颗葡萄干。将酒液装瓶。把装酒的瓶子储存在凉爽之处，酿泡成蜂蜜酒。这种酒，4天之后就可以饮用。

在整个中世纪，随着时光流逝，蜂蜜酒在欧洲的南方地区逐渐不再流行，尤其是不太受贵族的欢迎了。据说原因就在于，人们实际上很快就把蜂蜜酒当作一种药用饮品了。在中世纪的许多食谱集当中，蜂蜜酒确实被归入了适宜病人饮用的酒品当中。而在北欧各国，杜松子蜂蜜酒则是普通百姓饮用的酒品。

这份食谱的参考资料是芬兰养蜂人协会（The Finnish Association for Beekeepers，芬兰语为“Suomen Mehiläishoitajain Liitto”）和安娜·丽莎·纽文龙（Anna-Liisa Neuvonen）的作品。

图112 两名侏儒抬着一串巨型葡萄，选自西蒙·贝宁（Simon Bening）的一幅微型画作。

鸡蛋酒
（Caudell）

1—2 个蛋黄

300 毫升（10 液量盎司）麦芽酒

3—5 茶匙糖

¼ 茶匙食盐

少许番红花粉

将蛋黄和麦芽酒一起放入锅中。加热并不断搅拌，直到混合物变稠，直至奶昔那样的浓稠度。不要让其沸腾。根据口味，加入食糖、少量食盐以及少许番红花粉。不要耽搁，趁热上桌食用。

这款趁热享用、以麦芽酒为基础的酒品，源自 15 世纪的英国（见于哈雷手稿 4016 号），也是参考了詹姆斯 · L. 麦特勒的《大厨美食》一书而开发出来的：

> 蛋酒之法。取适量蛋黄，置于锅中；取适量之优质麦酒或优质葡萄酒，置火上加热。近乎沸腾时关火，加入番红花粉、食盐、糖；关火，趁热上桌。

插图目录

增补手稿 42130 号，fol.206v。
11. 采摘橄榄，选自《健康全书》，1474 年，现存于巴黎的法国国家图书馆，拉丁语手稿第 9333 号，fol.13v。
12. 在集市摊位上售卖内脏，选自《健康全书》，1474 年，现存于巴黎的法国国家图书馆，拉丁语手稿第 9333 号，fol.75。
13. 希罗尼穆斯·博斯（约 1450—1516）的一幅油画中的两条鱼，现存于安特卫普（Antwerp）的范德伯格博物馆（Museum van der Bergh）。
14. 弗拉·安基利科的《天使为圣多明我和修道士们端上饭菜》（*The Angels Serve Food to St Dominic and the Monks*），它是作于 1430 年左右的油画《圣母加冕》（*The Coronation of the Virgin*）中的附饰画，现存于巴黎的卢浮宫（Louvre）。
15. 地狱中的饕餮，选自《牧人历》中的一幅木刻版画，是 1493 年盖伊·马汉特（Guy Marchant）摹本的复制品（巴黎，1926）。
16. 节制与暴饮暴食，现存于伦敦大英图书馆，增补手稿第 28162 号，fol.10v。
17. 恶魔的诱惑，见于 14 世纪早期的《爱的祈祷》。
18. 维纳斯的星座，见于《牧人历》，是 1493 年盖伊·马汉特摹本的复制品（巴黎，1926）。
19. 卧病在床的患者，现存于伦敦的大英图书馆，王室手稿第 15DI 号，fol.1。
20. 胆汁质、多血质、忧郁质和黏液质 4 种气质，见于《牧人历》，是 1493 年盖伊·马汉特摹本的复制品（巴黎，1926）。
21. 《以斯帖王后与亚哈苏鲁国王》（*Queen Esther and King Ahasuerus*），这幅挂毯很可能源自 1460—1470 年的图尔奈（Tournai），现存于明尼阿波利斯艺术学院（Minneapolis Institute of Arts）。
22. “8 月”，选自 16 世纪早期的一部佛兰德斯日历，现存于伦敦的大英图书馆，增补手稿第 24098 号，fol.25B。
23. 收割黑麦，见于阿布·哈希姆所著的《食物之本性论》（1390），现存于巴黎的法国国家图书馆，手稿 n.a.l. 1673 号 , fol.47。
24. 两位女性正在制作面条，见于阿布·哈希姆所著的《食物之本性论》（1390），现存于巴黎的法国国家图书馆，手稿 n.a.l. 1673 号 , fol.50。
25. “11 月”，选自 16 世纪早期的一部佛兰德斯日历，现存于伦敦的大英图书馆，增补手稿第 24098 号，fol.28B。

1873）。

42. 人们正在切分熟肉，并将肉摆放到上菜的盘子里，见于 14 世纪的《鲁特瑞尔诗篇》，现存于伦敦的大英图书馆，增补手稿第 42130 号，fol. 207v。

43. 杰拉德·霍伦布（Gerard Horenbout）所作的“领主的宴席”（The Lord's Banquet），见于《格里马尼祈祷书》，1510—1520 年，现存于威尼斯的马尔西亚那国家图书馆（Biblioteca Nazionale Marciana）。

44. 海洋生物，见于 13 世纪的《阿什莫尔动物图鉴》，现存于牛津大学的博德利图书馆（Bodleian Library），fol. 85。

45. 里米尼·马斯特所作的《圣吉多与拉文纳主教吉贝拉尔多的宴会》（*The Banquet of St Guido with Bishop Geberardo of Ravenna*），14 世纪，现存于费拉拉（Ferrara）附近的彭波萨修道院（Pomposa Abbey）。

46. 一个用于储存的鱼塘，见于 15 世纪一幅佛兰德斯插画，现存于伦敦的大英图书馆，康顿·奥古斯都（Cotton Augustus）A V，f.124。

47. 14 世纪一幅手稿插图中的鱼贩，现存于巴黎的法国国家图书馆，手稿 n.a.l 1673 号，fol.79。

48. 16 世纪一幅木刻版画中，北欧地区捕捞梭子鱼的场景，见于奥拉乌斯·马格纳斯的《北方民族史》（*Historia de gentibus septentrionalibus*，1555）。

49. 阿尔布雷希特·丢勒的《一只螃蟹》（*A Crab*），现存于鹿特丹的博伊曼·范·伯宁根博物馆（Museum Boijmans Van Beuningen）。

50. 德克·勃茨所作的《基督在西蒙家》（*Christ in the House of Simon*），1445—1450 年，现存于柏林的国立博物馆（Staatliche Museen）。

51. 称盐，14 世纪晚期，见于阿布·哈希姆所著的《食物之本性论》（1390），现存于巴黎的法国国家图书馆，手稿 n.a.l. 1673 号，fol.66v。

52. 用青葡萄制作酸葡萄酱，见于《健康全书》，1474 年，现存于巴黎的法国国家图书馆，拉丁语手稿第 9333 号，fol.83。

53. 中世纪一幅微型画作中的果树，现存于伦敦的大英图书馆，王室手稿第 6E IX 号，fol.15v。

54. 中世纪木刻版画中的厨师和一位帮厨，选自弗莱道夫·约翰逊（Fridolf Johnson）编著的《藏书宝典》（*A Treasury of Bookplates*，伦敦，1977）。

71. 雨果·凡·德尔·高斯的《原罪》（*The Original Sin*），作于1473—1475年间，现存于维也纳的艺术史博物馆（Kunsthistorisches Museum）。

72. 希罗尼穆斯·博斯作品《尘世乐园》（*The Garden of Earthly Delights*）中的细节图，作于1503—1504年间，现存于马德里的普拉多。

73. 埃夫拉尔·德·艾斯皮奎思绘制的无花果商贩，选自15世纪巴塞洛缪斯·盎格里库斯所作的《事物特性》，现存于巴黎的法国国家图书馆，法语手稿第9140号，fol.361v。

74. 胡桃夹子，选自保罗·拉克鲁瓦的《习俗、用途与服装》（巴黎，1873）。

75. 希罗尼穆斯·博斯所作的《卡纳举办的婚宴》（*The Marriage Feast at Cana*），现存于鹿特丹的博伊曼·范·伯宁根博物馆。

76. “9月”，选自《格里马尼祈祷书》，作于1510—1520年间，现存于威尼斯的国立图书馆（Biblioteca Nazionale），拉丁语手稿第XI67（即7531）号，fol.9v。

77. 北欧人饮用葡萄酒，选自奥拉乌斯·马格纳斯的《北方民族史》（1555）中的一幅版画。

78. 检查和品尝新酿的葡萄酒，选自16世纪早期的一部佛兰德斯日历，现存于伦敦的大英图书馆，增补手稿第24098号，fol.27v。

79. 正在劳作的酿酒工，选自保罗·拉克鲁瓦的《习俗、用途与服装》（巴黎，1873）。

80. 北欧国家中的装饰性饮酒器皿（“库萨”），选自奥拉乌斯·马格纳斯的《北方民族史》（1555）。

81. 15世纪一部手稿插画中的酒政，现存于巴黎的法国国家图书馆，法语手稿第9140号，fol.114。

82. 魔鬼正在酒馆里尽情享乐，这是亨利·苏索（Henry Suso）的《智慧之魂》（*L'Orloge de sapience*）中让·罗林（Jean Rolin）所绘的一幅微型画，现存于布鲁塞尔的比利时王室图书馆（Bibliothèque Royale），手稿IV.III号，fol.38v。

83. 正在就餐的理查二世，选自《英国纪事》（*Chronique d'Angleterre*），现存于伦敦的大英图书馆，第115号第三卷，王室14E.IV，fol.265v。

84. 量具与砝码，见于奥拉乌斯·马格纳斯的《北方民族史》（1555）。

85. 一名厨子正从大锅里将羊肉捞出来，见于13世纪《圣经·旧约·撒母耳记》。

86. 主教奥多享用盛宴的时候，仆人们把烤肉摆放好，选自1077年左右的《拜约挂毯》，现存于拜约的挂毯博物馆（Musée de la Tapisserie）。

87. 卡纳的婚宴，见于《贝里公爵夫人的时令之书》（*Très Belles Heures de Notre-Dame du Duc*

Jean de Berry），现存于巴黎的法国国家图书馆，新增拉丁语手稿第 3093 号，fol.67v。

88. 魔鬼与食客们，这是作于 1510—1522 年间的一幅壁画，现存于芬兰洛赫亚的圣劳伦斯教堂。

89. 面包烘烤坊里的两名面包师，现存于牛津大学的博德利图书馆，Canon. Lit.99，fol.16。

90. 杰拉德·大卫所作的《持粥勺的圣母》（*The Virgin with the Porridge Spoon*），1515 年，现存于布鲁塞尔的比利时王室美术博物馆（Musées Royaux des Beaux-Arts）。

91. 拔韭葱，这是中世纪的一幅木刻画，选自弗莱道夫·约翰逊编著的《藏书宝典》（伦敦，1977）。

92. “1 月”，选自《牧人历》，是 1493 年盖伊·马汉特摹本的复制品（巴黎，1926）。

93. 《普拉特里乌斯》（*Platearius*）中的草药大师，现存于巴黎的法国国家图书馆，法语手稿第 9136 号，fol.iv。

94. “2 月”，见于 1416 年的《贝里公爵的时令之书》，现存于尚蒂伊的康德博物馆。

95. 1290 年一幅微型画中的小公鸡、鹧鸪和其他禽类，见于《康布雷所用的时令之书》（*Heures à l'usage de Cambrai*），现存于巴黎（阿森纳）的法国国家图书馆，手稿第 1185 号，fol.208。

96. 加斯顿·菲布斯所著狩猎书中绘制的猎取野兔的场景，现存于巴黎的法国国家图书馆，法语手稿第 616 号，fol.92。

97. 猎杀马鹿，见于加斯顿·菲布斯的作品，现存于巴黎的法国国家图书馆，法语手稿第 616 号，fol.70。

98. 捕捞鲑鱼，见于奥拉乌斯·马格纳斯的《北方民族史》（1555）。

99. 腌鱼、干鱼和熏鱼，见于奥拉乌斯·马格纳斯的《北方民族史》（1555）。

100. 搭配禽肉食用的姜黄酱，见于阿布·哈希姆的《食物之本性论》（1390），现存于巴黎的法国国家图书馆，手稿 n.a.l. 1673 号 , fol.65v。

101. 东方人采摘胡椒的场景，见于 15 世纪的一幅微型画，现存于巴黎的法国国家图书馆，法语手稿第 2810 号 , fol.84。

102. 一位新娘及其扈从正在就餐，见于布鲁日的雷诺·德·蒙托邦的一部手稿，作于 1462—1470 年间，现存于巴黎的法国国家图书馆，手稿第 5073 号。

103. 15 世纪一位正在工作的厨师，现存于巴黎的法国国家图书馆，法语手稿第 9140 号，fol.361v。

104. 瑞士的奶酪生产场景，选自保罗·拉克鲁瓦的《习俗、用途与服装》（巴黎，1873）。

本书还有一个特色，那就是从奥拉乌斯·马格纳斯的《北方民族史》（1555）和保罗·拉克鲁瓦的《中世纪的插图宝库》（*Treasury of Medieval Illustrations*，纽约米尼奥拉，2008）两书中，独家精选了一些没有图注的插图：第 12 页的“一位男爵举办的宴会”（选自拉克鲁瓦）；第 33 页的“北欧地区的一个市场”（选自马格纳斯）；第 64 页的“北方的粮食收割”（选自马格纳斯）；第 79 页的“镶有宝石的酒杯”（选自拉克鲁瓦）；第 92 页的“两枝烛台”（选自拉克鲁瓦）；第 98 页的“拉普兰（Lappland）狩猎”（选自马格纳斯）；第 128 页的“1490 年参加了一场死神之舞（Danse Macabre）的医生”（选自拉克鲁瓦）；第 184 页的“对醉汉的惩处”（选自马格纳斯）。

参考书目

Almond, Richard, *Medieval Hunting* (Phoenix Mill, 2003)

Austin, Thomas, *Two Fifteenth-Century Cookery-Books. Harleian MS 279 & Harl. MS 4016, with extracts from Ashmole MS 1429, Laud MS 553, and Douce MS 55* (London, 1888)

Arstrand, Sandra, *Medeltida mat på modern svenska* (Varnamo, 2002)

Birlouez, Eric, *À la table des seigneurs, des moines et des paysans du Moyen Âge* (Rennes, 2011)

Bitch, Irmgard, Trude Ehlert and Xenja von Ertzdorff, *Essen und Trinken in Mittelalter und Neuzeit* (Simaringen, 1987)

Black, Maggie, *The Medieval Cookbook* (London, 1992)

Blomqvist, Jukka, and Auri Hakomaa, *Keskiajan keittiön salaisuudet. Tuokiokuvia, reseptejä, mausteita* (Helsinki, 2006)

Brereton, Georgine E., and Janet M. Ferrier, eds, *Le ménagier de Paris* (Oxford, 1981)

Buxton, Moira, *Medieval Cooking Today* (Buckinghamshire, 1983)

Bynum, Caroline Walker, *Holy Feast and Holy Fast. The Religious Significance of Food to Medieval Women* (Berkeley, ca, 1987)

Campbell, A., *Det svenska brödet. En jämförande etnologisk-historisk undersökning* (Stockholm, 1950)

Camporesi, Piero, 'Bread of Dreams: Food and Madness in Medieval Italy', *History Today,* 39 (1989), pp. 14–21.

—, *The Magic Harvest: Food, Folklore and Society*, trans. Joan Krakover Hall (Cambridge, 1998)

Cummins, John, *The Hound and the Hawk : The Art of Medieval Hunting* (London, 1998)

Dawson, Thomas, *The Good Huswifes Jewell*, ed. Susan J. Evans (Albany, NY, 1988)

Ehlert, Trude, *Das Kochbuch des Mittelalters* (Zurich, 1990)

Ein Buch von Guter Spise, at http://cs-people.bu.edu/akatlas/Buch/buch.html

Fenton, Alexander and Eszter Kisban, eds, *Food Habits in Change. Eating Habits from the Middle Ages to the Present Day* (Edinburgh, 1986)

Fletcher, Nichola, *Charlemagne's Tablecloth: A Piquant History of Feasting* (New York, 2005)

Frati, Ludovico, ed., *Libro di cucina del secolo XIV* (Bologna, 1970)

Friedman, David and Elizabeth Cook, *Cariadoc's Miscellany*, at www.pbm.com/~lindahl/cariadoc/recipe_toc.html

Gronholm, Kirsti, 'Simaa ja suolakalaa', *Hopeatarjotin*, 1 (1995)

Hajek, Hans, *Daz Buoch von guoter Spize* (Berlin, 1958)

Hakkinen, Kaisa, and Terttu Lempiainen, *Agricolan yrtit* (Turku, 2007)

Hartola, Marja, 'Kasknauriit, sualsilakka ja kyrsa arken – sallatti, setsuuri ja lantloora pirois, varsinaissuomalaista ruokataloutta 1000 vuoden ajalta', *Pöytä on katettu*, 27 (2004), pp. 7–30

—, *Ruokaretki Turun saaristoon* (Jyvaskyla, 2004)

Heers, Jacques, *Fêtes des fous et carnavals* (Paris, 1997)

Helenius, Johanna, 'Turun linnan ruokatalous Juhana Herttuan aikana', *Turun maakuntamuseon raportti 16. Tutkimuksia Turun linnasta*, 1 (Vammala, 1994)

Henisch, Bridget Ann, *The Medieval Cook* (Woodbrige, 2009)

Hieatt, Constance B., 'The Middle English Culinary Recipes in ms Harley 5401: An Edition and Commentary', *Medium Ævum*, lxv/1 (1996), pp. 54–71

—, ed., *An Ordinance of Pottage. An Edition of the Fifteenth Century Culinary Recipes in Yale University's MS Beinecke 163* (London, 1988)

Hieatt, Constance B., and Sharon Butler, *Curye on Inglish: English Culinary Manuscripts of the Fourteenth Century* (New York, 1985)

Hieatt, Constance B., Brenda Hosington and Sharon Butler, *Pleyn Delit: Medieval Cookery for Modern Cooks* (Toronto, 1996)

Impelluso, Lucia, *La natura e i suoi simboli. Piante, fiori e animali* (Milan, 2005)

Jansen-Sieben, Ria, and Johanna Maria van Winter, eds, *De keuken van de late middeleeuwen*

(Amsterdam, 1998)

Kjersgaard, Erik, *Mad og øl i Danmarks middelalder* (Odense, 1978)

Klemettila, Hannele, *Keskiajan keittiö* (Jyvaskyla, 2007)

—, *Mansimarjasta punapuolaan. Marjakasvien kulttuurihistoriaa* (Helsinki, 2011)

Krotzl, Christian, 'Paavin keittio. Keskiajan paavillisen kuurian arkea ja juhlapaivaa', *Herkullista historiaa. Kulttuurisia makupaloja Italian keittiöistä kautta aikojen*, ed. Andreo Larsen, Liisa Savunen and Risto Valjus (Hameenlinna, 2004), pp. 111–21

Das Kuchbuch der Sabina Welserin (1553), at www.daviddfriedman.com/Medieval/Medieval.html

Lagerqvist, L. O., and Nils Aberg, *Mat och dryck i forntid och medeltid* (Stockholm, 1994)

Landouzy, Louis, and Roger Pepin, eds, *Le régime du corps de maître Aldebrandin de Sienne: Texte français du XIIIe siècle* (Geneva, 1978)

Laurioux, Bruno, *Les livres de cuisine médiévaux* (Turnhout, 1997)

—, *Le Moyen Age à table* (Paris, 1989)

—, ed., 'Le "Registre de cuisine" de Jean de Bockenheim, cuisinier du pape Martin v', *Mélanges de l'École Française de Rome: Moyen Age, Temps Modernes*, c/2 (1988), pp. 709–60

—, *Le règne de Taillevent. Livres et pratiques culinaires à la fin du Moyen Âge* (Paris, 1997)

Le Goff, Jacques, *Medieval Civilization*, 400–1500, trans. Julia Barrow (Oxford, 1988)

Lehtonen, Ulla, *Luonnon hyötykasvien keruu- ja käyttöopas* (Porvoo, 1987)

Maestro Martino, 'Libro de arte coquinaria, Arte della cucina', *in Libri di ricette: Testi sopra lo scalco, il trinciante e i vini dal XIV al XIX secolo*, 2 vols, ed. Emilio Faccioli (Milan, 1966), pp. 117–204

Magnus, Olaus, *Historia de gentibus septentrionalibus* (Stockholm, 1909–25)

Makipelto, Anne, *Gastronominen ylellisyys myöhäiskeskiajan Italiassa ja Englannissa* (Licentiate's thesis, University of Jyvaskyla, 1996)

Malaguzzi, Silvia. *Food and Feasting in Art*, trans. Brian Phillips (Los Angeles, ca, 2008)

Mand, Anu, *Urban Carnival. Festive Culture in the Hanseatic Cities of the Easter Baltic, 1350–1550* (Turnhout, 2005)

Marchant, Guy, ed., *Le compost et Kalendrier des bergiers* [1493], facsimile edition (Paris, 1926)

Marty-Dufaut, Josy, *La Gastronomie du Moyen Age. 170 recettes adaptées à nos jours* (Marseille,

1999)

Matterer, James L., *Gode Cookery*, www.godecookery.com

Mead, William Edward, *The English Medieval Feast* (New York, 1967)

Menjot, Denis, ed., *Manger et boire au Moyen Age* (Paris, 1984)

Mennel, Stephen, *All Manner of Food: Eating and Taste in England and France from the Middle Ages to the Present* (Chicago, 1996)

Mestre Robert, *Libre del coch. Tractat de cuina medieval,* ed. Veronica Leimgruber (Barcelona, 1982)

Montanari, Massimo, *The Culture of Food*, trans. Carl Ipsen (Oxford, 1996)

Mulon, Marianne, ed., 'Liber de coquina. Deux traites inedits d'art culinaire medieval', *Bulletin Philologique et Historique*, vol. i (Paris, 1971), pp. 396–420

Oulun keskiaikaseura, *Keskiaikaisia reseptejä*, at http://tols17.oulu.fi/~pkeisane/sivut/kokkaus.html

Pastoureau, Michel, *Une histoire symbolique du Moyen Âge occidental* (Paris, 2004)

Platina, Battista (Bartolomeo), *De Honesta Voluptate et Valetudine*, ed. and trans. Mary Ella Milham (Tempe, az, 1998)

Pleij, Herman, *Dreaming of Cockaigne: Medieval Fantasies of the Perfect Life*, trans. Diane Webb (New York, 2001)

Redon, Odile, Francoise Sabban and Silvano Serventi, *The Medieval Kitchen: Recipes from France and Italy*, trans. Edward Schneider (Chicago, il, 1998)

Renfrow, Cindy, *Take a Thousand Eggs or More: A Collection of 15th century Recipes*, vols i–ii (n. p., 1997)

Salisbury, Joyce E., *The Beast Within: Animals in the Middle Ages* (New York, 1994)

Santanach, Joan, *The Book of Sent Soví: Medieval Recipes from Catalonia*, trans. Robin Vogelzang (Barcelona, 2008)

Savelli, Mary, *Taste of Anglo-Saxon England* (Norfolk, 2002)

Scully, D. Eleanor, and Terence Scully, *Early French Cookery: Sources, History, Original Recipes and Modern Adaptations* (Ann Arbor, mi, 1998)

Scully, Terence, *The Art of Cookery in the Middle Ages* (Woodbridge, 1995)

—, ed., *Chiquart's 'On Cookery'. A Fifteenth-Century Savoyard Culinary Treatise* (New York, 1986)

—, 'Du fait de cuisine par Maistre Chiquart 1420', *Vallesia*, 40 (1985), pp. 101–231

—, *The Neapolitan Recipe Collection: Cuoco Napoletano* (Ann Arbor, mi, 2000)

—, *The Viandier of Taillevent: An Edition of all Extant Manuscripts* (Ottawa, 1988)

—, *The Vivendier: A Critical Edition with English Translation* (Totnes, 1997)

The Society of London Antiquaries, eds, *Ancient Cookery, A Collection of the Ordinances and Regulations for the Government of the Royal Household made in Divers Reigns from King Edward III to King William and Queen Mary also Receipts in Ancient Cookery* (London, 1740)

Spencer, Colin, *The Heretic's Feast: A History of Vegetarianism* (London, 1996)

Stouff, Louis, *Ravitaillement et alimentation en Provence aux XIVe et XVe siècles* (Paris, 1970)

Talve, Ilmar, *Kansanomaisen ruokatalouden alalta* (Helsinki, 1961)

Talvi, Jussi, *Gastronomian historia* (Helsinki, 1989)

Tannahill, Reay, *Food in History* (New York, 1973)

Tourunen, Auli, 'Animals in an Urban Context: A Zooarchaeological study of the Medieval and Post-medieval town of Turku', phd thesis, University of Turku (2008)

Vilkuna, Anna-Maria, *Kruunun taloudenpito Hämeen linnassa 1500-luvun puolivälissä* (Helsinki, 1998)

Zambrini, Fancesco, ed., *Libro della cucina del secolo XIV* (Bologna, 1968)

⚜ 致谢

本书中所用的芬兰语原文，起初都由安妮·斯特劳斯（Anne Stauss）翻译，然后经作者加以修改和重新整理而成。芬兰文学交流中心（Finnish Literature Exchange，FILI）则为样本翻译提供了部分资金支持，特在此致谢。

图书在版编目（CIP）数据

中世纪厨房：一部食谱社会史 /（芬）汉内莱・克莱梅蒂娜著；欧阳瑾译. —上海：上海社会科学院出版社，2021

ISBN 978-7-5520-2978-9

Ⅰ.①中… Ⅱ.①汉… ②欧… Ⅲ.①饮食—文化史—欧洲—中世纪 Ⅳ.①TS971.25

中国版本图书馆CIP数据核字（2020）第238273号

上海市版权局著作权合同登记号 图字：09-2019-173

The Medieval Kitchen: A Social History with Recipes by Hannele Klemettilä was first published by Reaktion Books, London, UK, 2012

中世纪厨房：一部食谱社会史

著 者：（芬）汉内莱・克莱梅蒂娜

译 者：欧阳瑾

责任编辑：张 晶

封面设计：周清华

出版发行：上海社会科学院出版社

地址：上海顺昌路622号 邮编：200025

电话总机：021-63315947 销售热线：021-53063735

http://www.sassp.cn E-mail:sassp@sassp.cn

排 版：霍 覃

印 刷：上海雅昌艺术印刷有限公司

开 本：787毫米×1092毫米 1/16

印 张：20

插 页：4

字 数：285千字

版 次：2021年9月第1版 2022年8月第2次印刷

ISBN 978-7-5520-2978-9/TS・011 定价：258.00元